KB275323

BT
REPORT

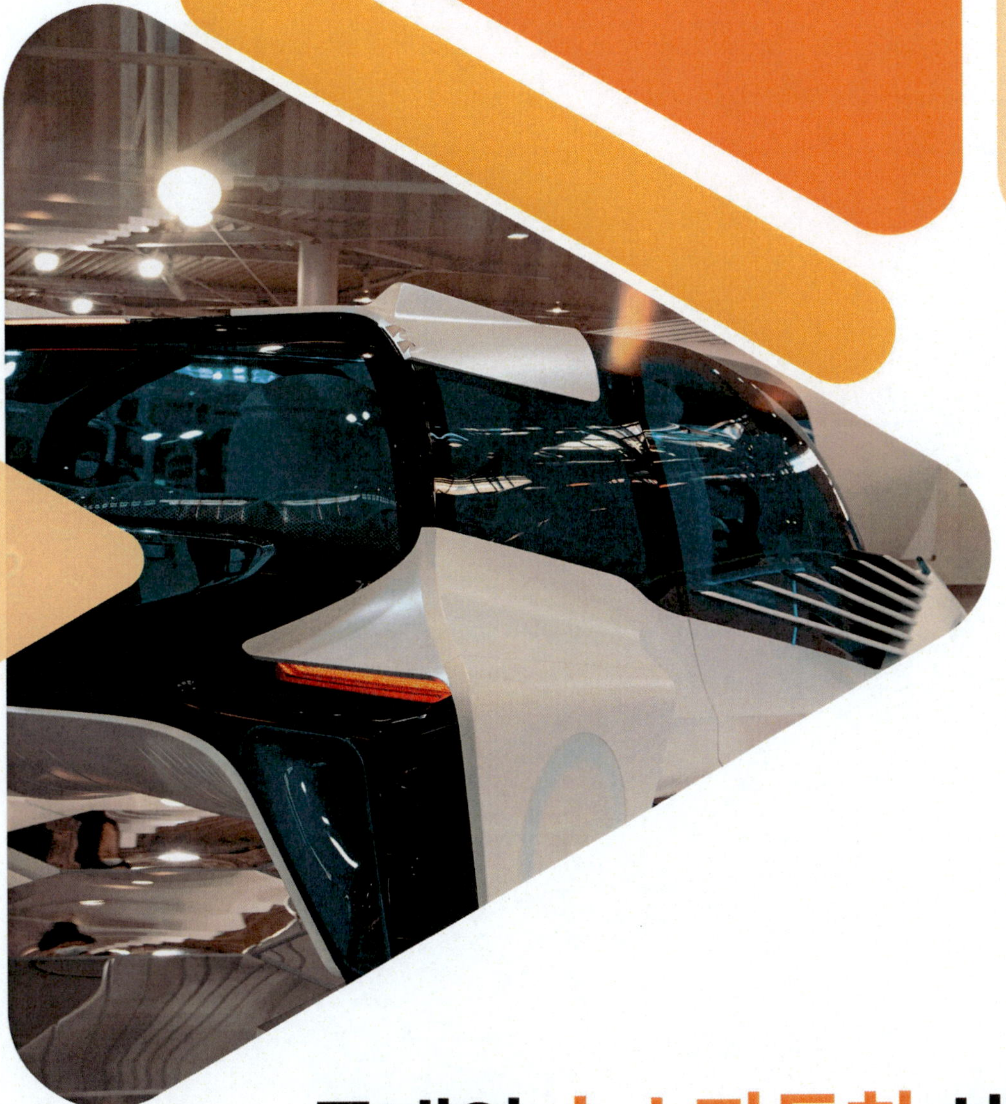

국내외 수소자동차 산업관련 시장분석보고서 2023개정판

저자 비피기술거래 비피제이기술거래

Hydrogen Fueled Car

㈜ 비티타임즈

<제목 차례>

1

서론

1. 서론

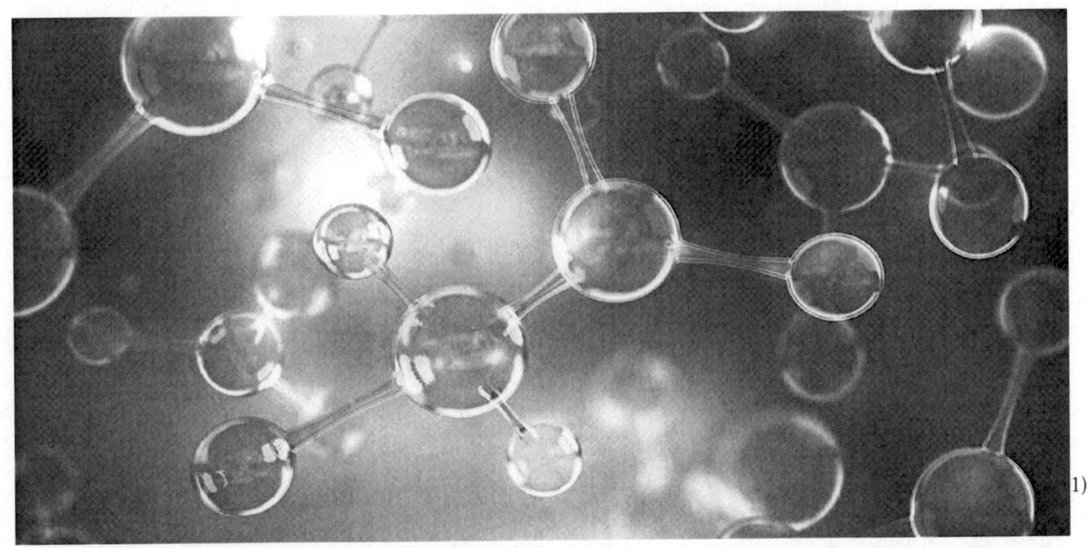

[그림 2] 수소

 누구나 한번 쯤, 기후변화로 인한 문제점에 대해 들어본 적 있을 것이다. 녹아내리는 빙하, 높아가는 지구의 온도 등 기후변화는 현재 인류가 마주하고 있는 가장 큰 문제이며 어떻게 본다면 인류의 생존과 가장 직결된 문제라고 할 수 있다. 인류의 생존을 위해 우리는 지금까지의 삶의 방식을 바꿔야 한다.

 한국 정부도 오는 2030년까지 연간 신차판매의 80% 이상을 친환경차로 전환하고 자동차 온실가스를 24% 줄인다는 방침을 내세웠다. 이 외에도 세계 각국에서도 여러 환경 규제를 통해 친환경차로의 전환을 꾀하고 있다.

 이처럼 이제 우리에게 친환경 에너지, 수소 자동차, 전기 자동차 등과 같은 개념은 멀고도 먼 개념이 아닌, 당장 우리 앞에 다가왔으며 최근 코로나 확산으로 인해 위축된 경제를 활성화시키기 위해 수소 경제 관련 분야에 제정을 적극 투입하는 등 수소경제로의 발걸음은 빠르게 진행되고 있다.

 본 보고서에서는 수소경제의 큰 축 중 하나인 수소자동차의 개념을 살펴보고, 수소자동차와 관련된 기술의 동향과 시장 동향을 통해 수소경제에 대비하고자 한다.

---

1) 수소경제 사회가 인류에 미치는 영향, 데일리포스트

2

수소자동차 개요

2. 수소자동차 개요
가. 정의

수소전기차(Fuel Cell Electric Vehicle)는 수소를 사용하여 발생시킨 전기에너지를 동력원으로 사용하는 자동차로서 연료전지(fuel cell)를 배터리 대신 사용하거나 배터리 또는 수퍼 커패시터와 함께 사용하여 온보드 모터에 전력을 공급한다.

수소전기차는 수소를 직접 연소하지 않고 연료전지를 활용하여 생성된 전기에너지로 구동되므로 수소연료전지자동차(약칭 수소전기차, 수소차)로 불린다. 수소자동차는 수소와 공기중의 산소를 직접 반응시켜 전기를 생산하므로 물 이외의 배출 가스를 발생시키지 않는 무공해 차량이다.

수소가 연료전지에 공급되면 전자와 수소이온으로 분리되고 이 때 발생한 전자들은 외부 회로로 전달되어 연료전지 자동차의 모터를 구성하는 동력원인 전기에너지로 사용된다.

수소전기차는 타 전기자동차와 달리 발전용 연료전지와 축전용 이차전지(배터리)를 함께 사용한다. 그러나 이때 이차전지는 소량 축전을 위한 것이므로 작은 용량만이 요구된다.

나. 수소에너지 기초[2)

1) 수소의 특성
가) 수소의 물성

수소(hydrogen)는 주기율표에서 원자 번호가 1인 첫 번째 원소이며 원소 기호는 H이다. 우주에서는 질량 기준으로 약 75%, 원자 개수로는 90%를 차지하는 가장 풍부한 원소이기도 하다. 수소는 가장 가벼운 원소여서 지구 대기권에는 극소량이 존재하고, 지각권에서는 대부분 물 분자나 석유, 가스 등 탄화수소, 생명체의 구성 물질 등과 같은 유기화합물 상태로 존재하며, 지구 표면에서는 산소와 규소에 이어 세 번째로 많은 원소이다.

수소의 주요 동위원소로는 지구에서 발견되는 수소의 99.98%를 차지하는 프로튬(protium, ^{1}H)외에, 중수소(deuterium, ^{2}H 또는 D)와 삼중수소(tritium, ^{3}H 또는 T)가 있다. 프로튬의 핵은 양성자 1개로 이루어져 있고 중수소의 핵은 양성자 1개와 중성자 1개, 삼중수소의 핵은 양성자 1개와 중성자 2개로 구성되어 있다. 중수소가 많이 포함된 물을 중수(D_2O:Deuterium Oxide)라고 부르며 핵 반응로에서 중성자 감속재와 냉각재로 사용된다. 프로튬과 중수소는 안정된 동위원소이나 삼중수소는 불안정한 핵 구조를 가지는 방사성 동위원소이다. 삼중수소는 중수소와 높은 온도와 압력 하에서 핵융합을 일으켜 중성자와 헬륨으로 변하며, 이 과정에서 발생하는 질량손실이 에너지로 변환되는데, 이때 발생하는 에너지 양이 매우 커서 미래의 에너지원으로 주목받고 있기도 하다.

우리가 말하는 이른바 "수소에너지"의 수소는 원자가 아닌 수소 분자를 일컫는다. 수소분자(이하 "수소"는 수소 분자를 지칭함)는 수소 원자 2개가 결합하여 이루어진 물질로서 통상적인 환경에서 무색·무미·무취의 기체로 존재한다. 수소의 끓는점은 영하 253℃로 매우 낮으며 이때 액체수소는 극저온 유체로서 부피 기준으로 기체 수소의 1/800 수준이기 때문에 수송 효율성이 높다. 액체 상태의 수소가 피부에 직접 접촉하면 동상에 걸릴 수 있으나 일반인이 직접 접촉하게 되는 경우는 매우 드물다. 또한 수소는 공기와 혼합되었을 때 폭발과 함께 화재를 동반할 수 있다. 그러나 수소는 공기보다 14배 가벼운 기체이기 때문에 공기 중에 누출 시 매우 빠르게 확산되며, 점화 온도(약 500℃)가 높아 자연 발화 사례가 극히 드물다.

특성	LPG	천연가스	수소
분자식	C_3H_8/C_4H_{10}	CH_4	H_2
분자량(g/mol)	44g/58g	16g	2g
상대비중(공기=1)	1.5~2	0.55	0.0689
폭발(연소) 범위	1.8~9.5%	5~15%	4~75%
끓는점	-42.1℃/-0.5℃	-162℃	-252.6℃
누출 시 특성	체류	위로 확산	위로 확산(大)
폭발 위험도	높음	조금 낮음	낮음

자료: 수소융합얼라이언스추진단(2020)

[그림 4] 연료가스의 물리적·화학적 특성

---

2) 수소경제가 온다, 에너지경제연구원, 2020.08

나) 에너지 운반체로서의 특성

 비록 수소가 우주에서 가장 풍부한 원소이나 우리가 자연에서 직접 추출하여 에너지원으로서 활용하기에 용이한 형태로 부존되어 있지는 않다. 대신에 다양한 에너지원(화석연료, 재생에너지)과 기술(열화학적 변환, 전기화학적 변환, 생물학적 변환)을 적용하여 생산할 수 있고 수송용, 가정용, 발전용, 산업용 등 여러 용도에 활용할 수 있기 때문에 에너지 운반체(energy carrier)[3]로서 저장, 운반이 가능한 수소의 활용성은 결코 작지 않다. 특히 저장하기 쉽다는 것은 우리가 가장 흔히 사용하는 에너지 운반체인 전기와 비교하였을 때 수소가 갖는 매우 큰 장점이다. 게다가 수소의 원료인 물은 지구상에 풍부하게 존재하고 수소를 연소시키거나 산소와 반응시켜도 극소량의 질소와 물만 생성되어 환경오염을 일으키지 않는다. 이러한 장점 때문에 수소 에너지는 기존의 화석 연료를 대체하는 미래의 청정 에너지 중 하나로 주목받고 있다.

 수소에너지는 직접 연소, 수소저장합금에 의한 2차 전지, 수소화반응에 의한 히트펌프 등을 통하여 이용될 수 있으나 현재 가장 일반적인 것은 수소전기차(FCEV: Fuel Cell Electric Vehicle), 발전설비 등에 탑재되는 연료전지(fuel cell)이다. 수소 연료전지는 수소 연료와 산화제인 산소를 전기화학적으로 반응시켜 전기 에너지를 생산하는 장치로, 물을 전기분해하여 수소와 산소를 만드는 과정의 역반응을 통해 전기와 열을 생산한다. 연료가 공급되는 한 재충전 없이 계속해서 전기를 생산할 수 있고 소음이 적으며, 발전 과정에서 발생되는 열은 급탕 및 난방용으로 이용한다. 연료전지는 열에너지를 전기 에너지로 변환하는 보통의 발전 방식에 비해 간단하며 효율적이지만 활용에 있어 연료인 수소의 제어가 상대적으로 어렵고 다른 발전 연료에 비해 보관비용이 높다. 연료전지와 달리 수소를 직접 태워서 에너지를 얻는 것도 당연히 가능하다. 현재 수소 연소 기술은 발전, 산업용 측면에서 주로 연구되고 있다.

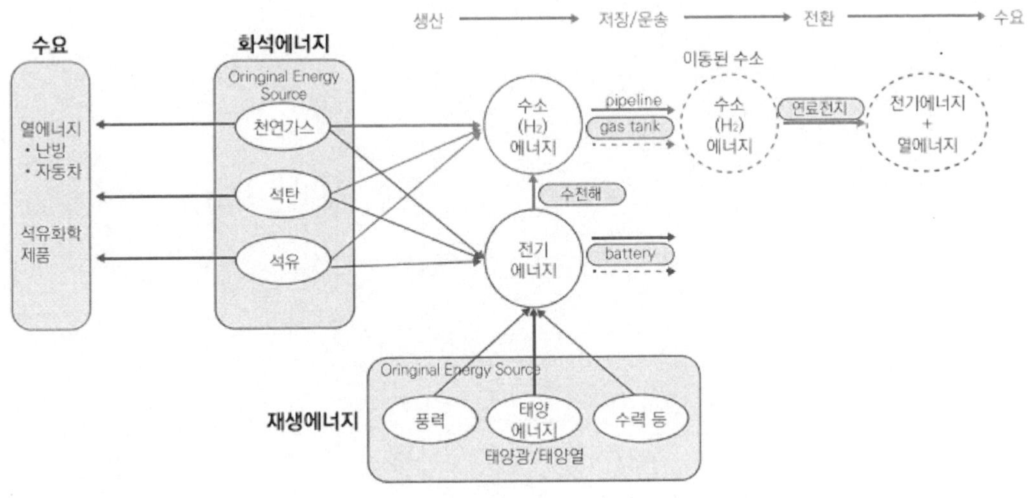

자료: 정기대(2019)

[그림 5] 수소에너지의 위치

---

3) ISO 13600에 따르면 에너지 운반체(energy carrier)는 스프링, 압축공기, 전기 등 에너지를 생산하지 않고, 단순히 다른 시스템에 의해 채워진 에너지를 담고 있는 물질 또는 현상으로 정의함.

2) 생산, 저장·운송, 이용4)
가) 수소의 생산

 수소는 공기 중에 약 0.01%가 함유된 무색, 무취의 가연성 가스로 비등점이 -252.5℃이며, 비중은 1기압 25℃에서 0.0695이고 확산속도는 1.8km/sec이다. 수소는 연소할 때 공해물질 방출이 전혀 없는 청정에너지이며, 생산을 위한 원료의 고갈 우려가 없다. 또한 에너지 밀도가 높고, 이용 기술의 실용화 가능성이 높은 에너지이기 때문에 글로벌리 관심이 높은 상황이다.

 수소가스 제조 기술은 천연가스, 석탄, 바이오매스의 분자구조에 포함되어 있는 수소를 열분해, 전기분해, 광분해 등에 의해 분리시키는 방법이 있다. 현재 상용화되고 있는 공업용 수소 생산은 주로 탄화수소의 수증기 메탄 개질법이나 물 전기분해법 등으로 이루어지고 있다.

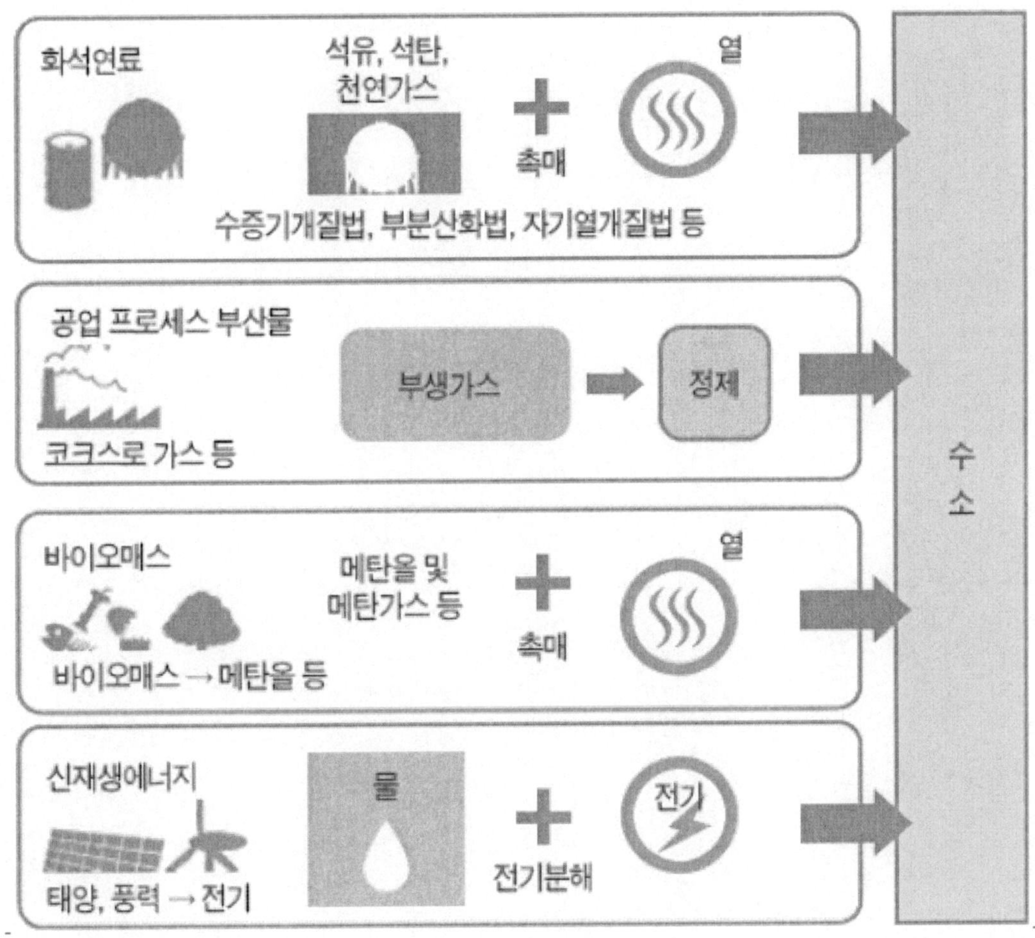

[그림 6] 수소가스 제조 방법

---

4) 수소차! 뼛속까지 파헤치기, BNK 투자증권, 2019.03.06

(1) 화석연료 열분해

 화석연료를 열분해하여 수소가스를 제조하는 방법은 크게 천연가스 개질법과 석탄가스화로 구분할 수 있다. 우선, 천연가스 개질법에 대해 살펴보자. 세계적으로 거의 절반의 수소 생산은 천연가스가 원료이며, 미국의 경우 95%의 수소는 수증기 메탄 개질법으로 생산하고 있다. 반면 우리나라에서는 대부분의 수소 생산은 나프타를 열분해하여 얻고 있다. 우리나라는 전국 천연가스 공급 배관망의 인프라 구축이 잘 이루어진 실정이며 천연가스 소비국으로 앞으로 공급이 더욱 증대될 것이다.

 천연가스 개질법은 다시 수증기 메탄 개질법과 부분산화 방식으로 구분된다.

 수증기 메탄 개질법은 수소 생산에서 가장 저렴한 방법이며, 세계 총 수소 생산의 거의 절반을 이 방법으로 제조하고 있다. 이는 천연가스의 주성분인 메탄(CH4), 프로판(C3H8)등을 촉매를 통해 고온 (700~1,000도), 고압 (3~25 Bar)의 수증기와 반응해 수소를 제조하는 기술이다.

$$CH_4 + H_2O \rightarrow CO + 3\,H_2$$

$$CO + H_2O \rightarrow CO_2 + H_2$$

[그림 7] 수증기 메탄 개질법 화학식

$$CH_4 + 1/2\,O_2 \rightarrow CO + 2H_2$$

[그림 8] 부분산화 방식 화학식

 화학식들의 반응을 보면 높은 흡열반응임을 알 수 있다. 따라서 수증기 개질에서는 높은 온도에서 촉매를 첨가하여 반응을 촉진시킨다. 이 반응에서 볼 수 있듯이 수소는 메탄과 물 모두에서 분리되어 생산되기 때문에 높은 수소 생산 수율이 가능하다. 연간 수소 생산 100,000톤 규모의 큰 수증기 개질기 하나로 약 100만 대의 연료전지 자동차에 공급할 수 있다. 현재는 다양한 수소/탄소 비를 갖는 원료를 처리할 수 있는 수증기 개질공정이 전 세계적으로 약 400여기가 보급되어 있다.

 다만, 온실가스 발생량을 가솔린 자동차와 비교하면 60% 정도로 가솔린보다는 적지만 상당량의 CO2가 발생한다. 또한 설비 자본 및 운영비 저감, 효율성 증진을 위해 공정 개선 및 시스템 디자인 개발, 촉매 개발 등이 필요하다.

 부분산화 기술은 탄화수소가 산화되는데 필요한 산소양을 제한하여 반응시킴으로서 수소를 생산해내는 방법이다. 천연가스와 적은 양의 산소와의 반응으로 이루어지며, 수소와 일산화탄소가 주요 산물이다.

메탄의 부분 산화 반응은 산소가 소요될 때까지의 메탄가스의 **빠른** 연소와 이에 뒤따른 수소와 일산화탄소가 생성되는 비교적 느린 반응으로 이루어진다. 이 반응은 특정한 환경에서는 스스로 유지되고, 최소의 에너지 비용으로 높은 수준의 변환을 일으킬 수 있는 장점이 있다. 그러나 반응온도에 따라 차이는 있으나, 수소와 CO 외에 CO2, C, H2O 등이 1,200°C까지 소량으로 나온다. 공기를 산소원으로 사용할 때는 NOx가 배출되는 단점도 있다.

수소 제조방법	CH_4 및 첨가물	반응온도 (°C)	수율 (%)	발생가스	특징	비고
스팀 개질법	CH_4/H_2O	800~900	75	수소, CO_2, CO	공정이 복잡함	가장 많이 상용중임
부분산화법	CH_4/O_2 (공기)	1,100~1,200	-	CO, CO_2, soot, H_2O, NOx	공해발생	에너지효율 높음

[그림 9] 천연가스 개질에 의한 수소제조방법의 비교

석탄가스화 방식은 산소, 수증기와 함께 석탄에 열을 가하여 일산화탄소, 이산화탄소, 수소가 혼합된 가스를 생성시키고 이중에서 수소를 막(membrane)을 통해 분리하거나, 흡착기를 통해 포집하는 방법이다. 이는 대규모 집중식 수소 제조에 가장 적합한 기술로서 제조과정에서 이산화탄소를 분리 포집할 수 있어 탄소저감에 유리하고, 설계에 따라 전력생산도 가능하다. 하지만 이산화탄소를 포집할 탄소 포집 기술과, 이를 저장 및 처리할 기술이 뒷받침되지 않으면 이를 다시 배출시켜야 하므로, 관련 기술 연구가 시급하다.

$$CH_{0.8} + H_2O + O_2 \rightarrow CO_2 + CO + 3H_2$$

[그림 10] 석탄가스화 기술 화학식

(2) 물 전기분해

 물 전기분해를 통한 수소가스 제조 기술은 다시 Alkaline(알카라인), PEM(전해법), Solid oxide(고체산화물) electrolysis로 구분할 수 있다. 우선, Alkaline electrolysis는 KOH(수산화칼륨)나 NaOH(수산화나트륨)이 녹아 있는 알칼리 수용액에서 음극(cathode)에서 생성된 수산화 이온(OH−)이 분리막을 통과해서 양극(Anode)으로 이동해 수소를 생산하는 방식이다. 이는 생산효율이 높고 수명도 상당히 길어 일부 이미 상업화하여 생산하고 있는 방식이다.

 그러나 막이 불완전하여 수산화 이온이 양극으로 이동하기도 전에 반응해 버리는 문제를 해결하지 못하고 있다. 또한 액체 전해질을 이용하기 때문에 전기저항이 높아 전력손실이 생긴다. 또한 생산가능 수소압력이 30bar정도로 한정되며 2.4V에서 0.2~0.45A/cm2 정도의 전류만 줄 수 있다.

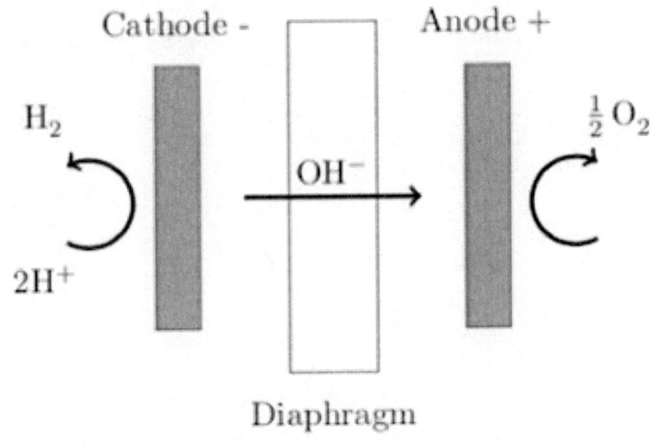

$$\textbf{Cathode} \quad 2\,H_2O^+ + 2\,e^- \longrightarrow H_2 + 2\,OH^-$$

$$\textbf{Anode} \quad 2\,OH^- \longrightarrow \tfrac{1}{2}O_2 + H_2O + 2\,e^-$$

$$\textbf{Sum} \quad H_2O \longrightarrow \tfrac{1}{2}O_2 + H_2$$

[그림 11] Alkaline electrolysis 원리 및 화학식

 PEM(Polymer electrolyte membrane)이란 수전해에 사용되는 촉매를 의미한다. 따라서 PEM electrolysis 기술은 고분자 전해질막을 이용하여 얇은 구조의 전해질층 형성이 가능해서 수소이온의 전도도를 개선한 것이다. 생산가능 수소압력은 200bar 정도이며, Alkaline electrolysis보다 장치 크기가 10배 정도 줄어들 수 있다. 하지만 막의 두께를 조절하지 못했을 때 오히려 수소이온 전도도가 낮아지고 높은 압력 조건에서 잘 작동하지 못하기 때문에 이를 견딜 수 있는 재료를 사용하게 되면 비용이 상승하게 된다.

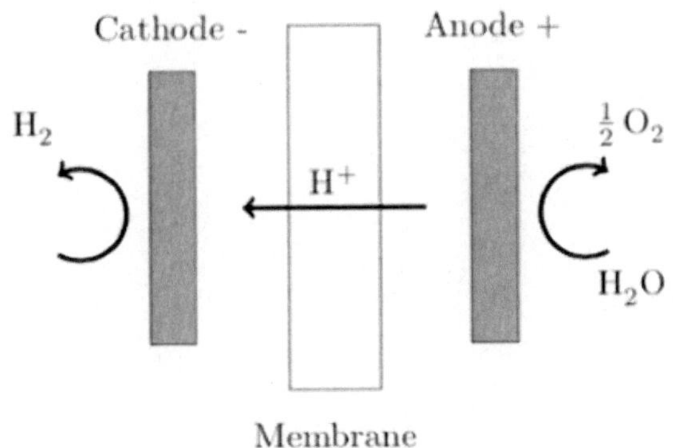

$$\textbf{Cathode} \quad 2H^+ + 2e^- \longrightarrow H_2$$
$$\textbf{Anode} \quad H_2O \longrightarrow \frac{1}{2}O_2 + H^+ + 2e^-$$
$$\textbf{Sum} \quad H_2O \longrightarrow \frac{1}{2}O_2 + H_2$$

[그림 12] PEM electrolysis 원리 및 화학식

Solid oxide electrolysis 기술은 아직 개발단계에 있다. 이는 고온의 수증기를 음극에 주입해 수소와 산소 이온으로 분해시키고, 이중 산소 이온은 고체산화물(solid oxide)를 통과해 산소가 생성되는데, 이때 음극에서 발생한 수소를 정제하는 방식이다. 생산효율이 높고, 높은 압력에도 잘 작동하며, 귀금속이 없어도 되는 시스템이라는 장점이 있지만 고체산화물의 내구성, 생산단가 측면에서 아직 시장성이 없다. 하지만 물을 전기분해하는 시스템 중에서는 장기적으로 전망이 밝은 편이다. 현재, 물질 이동을 막기위한 연구와 열에 안정적인 세라믹 소재를 만드는 연구가 진행 중이다.

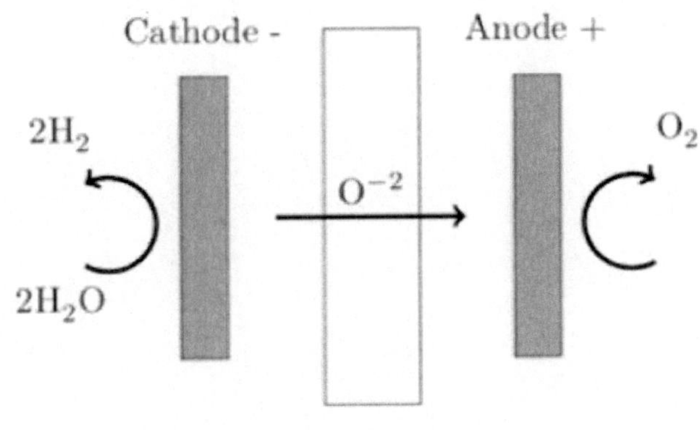

$$\textbf{Cathode} \quad H_2O + 2e^- \longrightarrow H_2 + O^{2-}$$
$$\textbf{Anode} \quad O^{2-} \longrightarrow \frac{1}{2}O_2 + 2e^-$$
$$\textbf{Sum} \quad H_2O \longrightarrow \frac{1}{2}O_2 + H_2$$

[그림 13] Solid oxide electrolysis 원리 및 화학식

이외에도 바이오매스(농작물, 농공업 잔여 유기물 등)를 분해해 수소를 얻거나 고온에서 물을 분해시킨다거나 하는 방법들이 고려되고 있으나 아직 장기적 관점에서도 전망이 밝지 않은 상황이다.

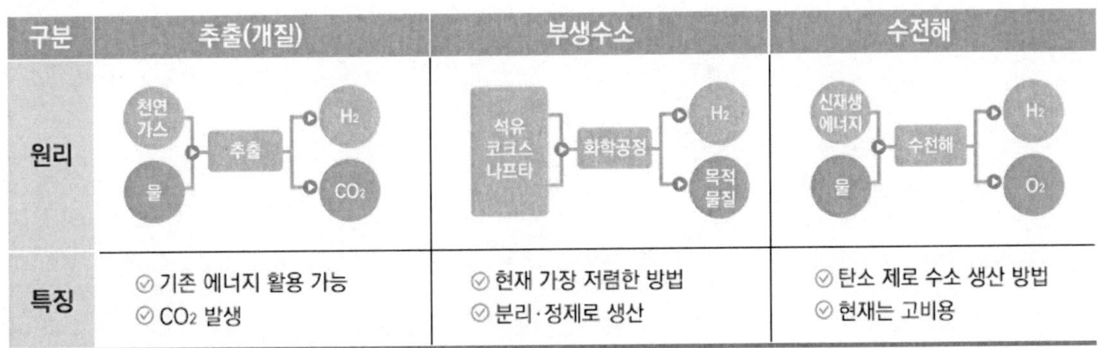

자료: 수소융합얼라이언스추진단(2020)

[그림 14] 수소 생산방식별 원리 및 특징

국내에서는 수소 생산 기술 연구가 최근 들어 활발해지고 있으나 핵심 원천기술 확보와 상용화 실증에 있어 여전히 세계 최고 수준과 격차가 있다.

천연가스 추출수소 생산의 국내 기술력은 초기 단계의 소형 추출기 생산 정도의 수준이며 생산과정에서 발생하는 이산화탄소를 포집·저장(CCS: Carbon Capture and Storage)하는 기술에 대한 연구도 아직 실증단계에 머무르고 있다. 수전해 기술의 경우 재생에너지 발전 설비와 수전해 설비를 직접 결합하는 방식은 국내 연구가 아직 사용화 단계에 이르지 못하고 있다. 장기적으로 이러한 재생에너지 연계 대규모 수전해 방식(P2G: Power to Gas)이 중요해질 것으로 보이나 국내 기업의 기술 경쟁력은 선진국의 60~70% 수준에 불과한 것으로 알려져 있다.

최근에 수소가 각광받는 이유가 화석연료 대체를 통한 온실가스 배출 감소 효과 때문이므로 생산 과정에서의 온실가스 배출 수준에 따라 수소를 구분하는 경우가 늘고 있다. 만약 화석연료 등을 원료로 사용함으로써 수소 생산 시 다량 발생되는 온실가스를 지금과 같이 그대로 대기중에 배출한다면 그레이(gray) 수소라고 불린다. 그레이 수소의 대척점에는 재생에너지 위주의 전기5)로 물을 전기분해하여 생산되는 그린(green)수소가 존재한다. 그린 수소 중심의 수소경제가 우리가 추구하는 궁극적인 목표이나 이를 위해 화석에너지를 전력 생산에서 완전히 퇴출시키기까지는 상당한 시간이 소요될 것이다. 따라서 당분간은 수소 수요의 대부분을 화석연료나 바이오매스로 생산한 추출수소로 충당하되 배출되는 CCS 설비를 갖추는 방식이 대안으로 제시되고 있다. 이렇게 생산된 수소는 블루(blue) 수소라고 불리며 그린 수소로 이행해가는 과정에서 중요한 역할을 하게 될 것이다.

---

5) 재생에너지만으로 생산된 수소를 그린 수소로 정의한다면 화석연료 발전 설비가 포함된 일반적인 전력망에 맞물려 생산된 수전해 수소는 그린 수소에서 제외된다. 따라서 수전해에 사요된 전기의 온실가스 배출량이 일정 수준 이하이면 그린 수소로 인정하는 방식이 일반적이다.

나) 수소의 저장 및 운송

 수소는 같은 무게에서는 가장 에너지 밀도가 높은 에너지이지만, 같은 부피에서는 가장 에너지 밀도가 낮은 에너지이다. 따라서 운송 및 저장이 매우 어려운 에너지라고 할 수 있다. 특히, 운송비용은 수소 에너지 가격의 30~40%를 차지할 정도로 크며, 이는 수소 단가가 높게 유지되고 있는 원인 중 하나이다.

 수소의 운송은 크게 기체 운송과 액체 운송으로 나눌 수 있고, 기체 운송에는 튜브트레일러 운송과 배관 운송이 있으며, 액체 운송은 다시 액화 운송과 액상 운송으로 나누어진다. 아직은 대량의 수소를 필요로 하지 않는 국내에서의 수소 운송은 근거리에는 저압배관 방식, 중·장거리에는 고압 튜브트레일러로 운송하는 방법이 주로 이용되고 있다.

운송 상태	운송 방식	적합한 운송 조건
기체 운송	배관	• 소규모, 단거리 수요처에 연속 공급할 경우 • 대규모, 장거리 수요처에 연속 공급할 경우
	튜브 트레일러	• 중·소 규모, 중·장거리 수요처에 간헐적으로 공급할 경우
액체 운송	액화 탱크로리	• 액화 제조 및 저장 시설과 연계될 경우 • 중·대 규모, 중·장거리 수요처에 공급할 경우 • 액화 시 소요되는 전력에 의한 온실가스 배출량 증가에 대한 고려 필요
	액상 탱크로리	• 액상물질(암모니아, 액상유기화합물 등) 제조시설과 연계될 경우 • 중·대 규모, 중·장거리 수요처에 공급할 경우

자료: 유영돈(2019)

[그림 15] 수소 운송 방식

 수소는 고압 기체 수소, 액체 수소, 화학적 저장, 수소저장합금 등 다양한 방식으로 저장이 가능한데 이는 운송 방법과 밀접하게 연관되어 있다. 현재 가장 보편적인 저장 방법은 고압의 기체 상태로 저장하는 것으로서 높은 압력을 견딜 수 있는 저장용기에 보관된다. 그러나 이러한 방식은 원거리 대량 운송, 특히 해외 생산 수소를 선박을 통해 운송하는 경우 적절치 않으므로 다른 저장 방식들이 시도되고 있다.

 액화수소는 수소를 극저온(대기압 기준 영하 253℃ 이하)에서 액체로 만들어 부피를 기체 수소의 약 1/800까지 줄인 것이다. 이렇게 되면 동일 압력에서 기체 수소 대비 80배의 체적 에너지 밀도를 갖게 되므로 저장과 운송에 매우 유리하다. 또한 액화 수소는 대기압에서 저장이 가능하고 고압 기체 수소에 비해 폭발 위험성이 낮으며, 다른 공정이 필요 없이 단순 기화만으로 즉시 활용이 가능하다는 장점이 있다. 그러나 액화 과정에서 다량의 에너지가 소비된다는 문제점도 고려되어야 한다.

수소운송방법	H$_2$ (kg)
튜브 트레일러 용량범위	106~295
일반적인 튜브트레일러 용량	165
액화수소 탱크로리 용량 범위	2,363~4,253
일반적인 액화수소 탱크로리 용량	2,836

[표 1] 수소 운송방법에 따른 용량

($/kg)	액화수소	파이프라인	튜브 트레일러
생산 비용	2.21	1.00	1.30
이송 비용	0.18	2.94	2.09
총 비용	3.66	5.00	4.39

[표 2] 수소 운송 방법에 따른 비용

결국 운송 및 저장 효율을 높이려면 수소의 부피를 줄여야 한다. 이를 위해 압축 또는 냉각이 필요하기 때문에, 고압 압축이나 초저온 냉동을 할 수 있는 추가 시설과 특수 운송수단이 필요하다. 따라서 기존의 수소 저장 및 운송방식은 압축방식으로 수소를 압축시켜 파이프라인이나 튜브트레일러를 이용해 운반해왔다. 그러나 앞서 언급했듯이 압축에 필요한 여러 에너지 비용들이 추가되는 단점이 있다.

이에 최근 관심받고 있는 액화수소 기술을 더 개발하여 운송비를 절감하는 것이 수소 단가를 낮추는데 관건이다. 따라서 생산단가가 매우 저렴한 부생수소가 전체 판매량의 절반을 차지하는 국내 환경에서 운송비를 절감하기 위해서는 부생수소가 발생하는 산지, 수소 제조 시설, 최종 소비지를 유기적으로 배치하여 운송거리를 줄이고 저장량을 최소화하는 시스템을 구축해야 한다.

	형태	특징
기존	압축방식	• 가장 일반적인 운송방식 • 압축에 필요한 높은 에어지 비용이 단점
최근	액화수소 방식	• 수소를 -253도씨로 액화, 체적은 1/800로 감소 • 육상 및 해상(선박) 운송방식으로 활용 • 압축방식 대비 12배 정도의 수송 효율 • 액화효율향상과 보일오프가스 저감이 향후 과제
	P2G(메탄화) 방식	• 수소의 대량 주입 및 운송 가능 • CO2 의 재활용을 통한 배출량 삭감 효과 • 기존 가스 인프라 활용 • 메탄화에 필요한 에너지 손실이 단점
	유기 하이드라이드 (MCH) 방식	• 톨루엔을 수소와 반응, 메틸시클로헥산의 형태로 저장 및 수송 • 사용장소에서 탈수소 반응을 통해 수소를 추출 • 압축방식 대비 8배 정도의 운송 효율 • 상온, 상압에서의 운송 가능 및 취급 용이 • 소형 탈수소장치의 실용화 필요

[표 3] 수소 저장 및 운송 방식

한편 재료를 기반으로 하는 화학적 수소저장도 실용적 대안으로 떠오르고 있다. 액상저장·운송의 경우 화합물을 사용하여 수소를 저장하고, 상온·상압에서 운송 후, 필요 시 저장된 수소를 추출하여 사용하는 방식이다. 대표적인 액상 수소저장 관련 화합물은 암모니아[6], 메틸사이클로핵세인(MCH, Methylcyclohexane)[7]으로 대표되는 액상 유기 수소 운반체(LOHC: Liquid Organic Hydrogen Carrier)[8]가 있다. 이 방식에서 운반된 수소를 사용하기 위해 화합물에서 분리할 때의 화학 반응에 있어 많은 에너지를 필요로 한다.

수소저장합금은 수소를 잘 흡수하는 금속에 냉각과 가압으로 수소를 흡수시켜 만든 금속수소화합물을 말하며, 가열과 감압을 하면 수소를 방출하여 원래의 상태로 복원하는 성질을 갖고 있다. 수소저장합금을 사용하면 가스 상태 저장보다 부피가 1/3 ~ 1/5로 줄어들고 폭발의 위험없이 고순도 높은 수소를 얻을 수 있다. 그러나 합금 자체가 비싸고 합금이 열화되어 저장 횟수에 제한도 있다.

---

6) 암모니아를 수소 운반체로 이용하는 기술로서 밀도가 수소 대비 두 배 높은 수준이며, 끓는 점이 약 영하 33℃로 액화에 필요한 에너지가 낮고 액화(25℃, 8bar)가 용이하므로 저압용기에 저장이 가능하여 현재의 암모니아 저장 및 이송 인프라를 사용할 수 있는 경제적 기술임.
7) MCH 기술은 기체수소의 1/500 수준의 에너지밀도를 유지하여 상온·상압에서 액상으로 장기저장이 가능하며, 선박 및 탱크 등 기존 수송·하역 인프라 활용이 가능하다.
8) MCH 외에도 N-methyl carbazole, Dibenzyl-toluene의 수소화된 화합물이 있음.

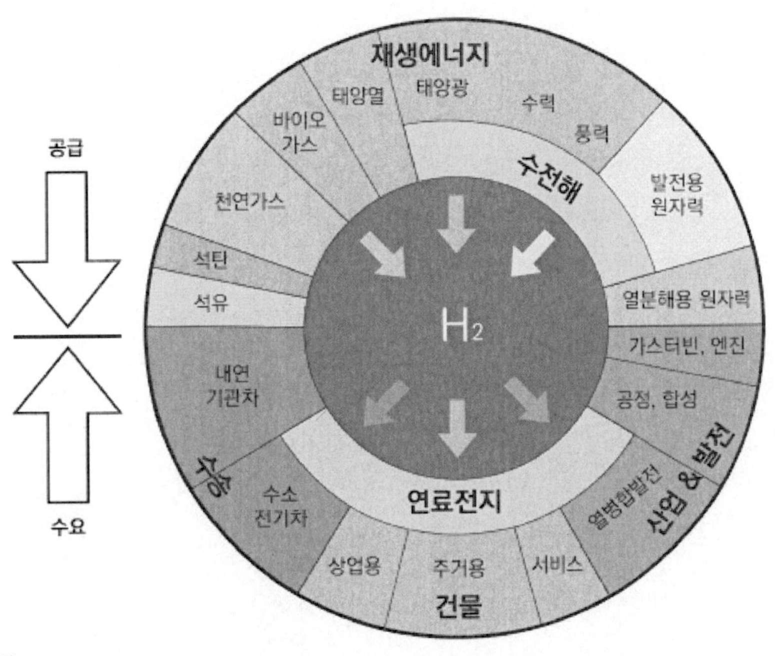

자료: 유석현(2019)

[그림 16] 수소의 생산방식과 이용 분야

다) 수소의 이용

수소의 용도는 매우 다양하다. 수소는 암모니아, 염산, 메탄올 등의 합성에 대량으로 사용되며, 정유공장의 중질유 분해시설 및 탈황시설에도 투입된다. 그 외에도 기름(지방)의 경화, 액체연료의 제조, 금속의 절단 및 용접, 백금, 석영의 세공 등 다양한 용도가 있다. 또한 액체수소는 끓는 점이 아주 낮기 때문에 냉각재로 사용되기도 한다.

그러나 최근에 논의되고 있는 수소의 이용 분야는 수송, 발전, 산업 등 훨씬 넓은 범위에서 다양한 방식을 포괄하고 있다. 수송 부문은 수소의 활용 잠재력이 가장 큰 분야로서 수소경제의 성공 여부는 수소차에 달려 있다고 해도 과언이 아니다. 주택이나 상업용 건물에 필요한 열과 전기는 가정용·건물용 연료전지를 통해 공급 가능하지만, 부생수소 생산 인근지역이나 천연가스 공급망이 있는 지역에서는 기존 인프라 활용 시 그레이 수소의 경제성이 높기 때문에 천연가스 개질 수소와 부생수소 등 그레이 수소가 주로 사용된다. 발전부문에서 수소는 산업이나 가정에 필요한 전기와 열을 동시에 생산할 수 있다는 점이 주목되고 있다.

수소는 연료전지를 통한 분산형 발전과 열병합 발전, 기존의 천연가스 연료를 수소로 대체한 수소 가스터빈 및 수소엔진 발전, 재생에너지의 잉여전력을 장기간 보존하여 재생에너지의 간헐성과 경직성을 보완하는 에너지 저장장치(ESS: Energy Storage System)의 일종으로 활용된다.

다. 수소자동차의 구성

 수소자동차의 구조는 크게 연료전지 스택, 운전장치, 전장장치, 수소 탱크 등으로 구분된다. 연료전지 스택(Stack)은 수소와 산소가 만나서 전기를 발생시키는 장치로 내연기관 엔진에 해당한다.

 운전장치는 연료전지에 수소와 공기를 공급, 제어하고 발생되는 물과 열을 제거해 연료전지 발전 시스템을 작동하게 하는 장치이며, 수소 압력을 낮춰 사용하기 쉽도록 변환하고 내연기관에서는 흡·배기 장치에 한다.

 모터/구동장치는 연료전지에서 발생한 전기를 모터에 공급하고 전력을 제어하는 장치로서 BEV, PHEV의 전장장치와 매우 유사한 구조 및 기능을 가지고 있다. 수소 저장장치인 탱크는 700bar 수준의 고압 수소를 저장하고 압력을 조절하는 장치로 기존 내연기관의 가솔린, 경유 연료 공급장치에 해당한다.

구분	설명
연료전지시스템	수소와 산소의 화학반응속도를 제어하여, 수소가 가지고 있는 화학적 에너지로부터 직접 전기에너지를 생산하는 장치
- 연료전지스택	수소와 공기를 반응시켜 전기를 생산하는 장치
- 수소공급장치	연료전지 스택에 수소 및 공기를 공급하는 장치
- 공기공급장치	
- 열관리장치	스택에서 발생되는 열을 제거하는 장치
수소저장당치	수소를 저장하고 공급하는 장치
전장장치	연료전지 스택에서 생산된 전기를 모터 및 전장부품으로 분배하는 장치

[표 4] 수소자동차 핵심부품

 연료전지시스템의 원가구조를 살펴보면 연료전지 스택이 66%를 차지하고 있다. 스택은 전극층(26%), 기체확산층(21%), 분리판(18%), MEA(막전극접합체, Membrane Electrode Assembly)(17%) 등으로 구성되어있다. MEA 한 장당 0.7V를 만들어 내므로 440장으로 모아 300V 내외의 고전압 전기를 생산한다. 주변장치(BOP, Balance of Plant)의 경우 공조(37%)가 가장 중요한 부분을 차지하며 물관리(24%), 열관리(11%), 센서류(11%) 순으로 중요하다.

구분	스택	운전장치	수소저장장치	전장장치	차체 등
가격비중(%)	40	15	20	10	15
가격비중이 높은 부품	막전극접합체	공기압축기	고압용기	공용부품	
수입부품	전해질 막	-	카본복합소재	전력소자	

[표 5] 수소자동차 가격 비중 및 주요 수입 부품

연료전지시스템 구성 요소 중 고분자전해질막(PEM)과 기체확산층(GDL)외 대다수 국산화는 완료된 상태이다. 현재 기술 확보가 미흡한 요소는 막전극접합체(MEA), 기체확산층(GDL), 수소탱크(고압용기) 정도이다.

고분자전해질막의 경우 불소계 강화막은 미국 Gore사가 전세계 시장을 독점하고 있다. 막전극접합체는 국내 기술이 2015년에 확보되었지만 아직 일본 대비 미흡해 추가로 기술개발 중이며, 기체확산층은 현재 해외부품 전량 수입하고 있으며 언론에 따르면 현대차는 독일 탄소소재 기업 SGL과 GDL 공급 계약을 맺고 있다. 현재 GDL은 국산화 추진 중이다. 고압용기의 경우 2015년 부품국산화 성공했으나 핵심소재(카본복합소재)는 수입에 의존하고 있다. 그 외 일부 스택, 전장, 저장장치 핵심부품을 제외하고 대부분 100% 국산화율이 완료되어있다.

구분	핵심기술 핵심부품	국내기술 현황	부품 수입현황			사유	
			국산화율	주요수입부품	국가	가격	기술
스택	막전극접합체	추격	50%	막전극접합체 국내 생산 (단, 전해질 막 소재수입) '20년 국산화 예정(단, 소재는 수입)	미국(Gore)		O
	기체확산층	추격	-	'19년 국산화 예정(단, 소재는 수입)	독일(SGL)	O	O
					일본	O	O
	분리판/가스켓	경쟁	100%	(부품기준)			
	셀전압 모니터링	경쟁	100%	(부품기준)			
	체결기구	경쟁	100%	(부품기준)			
	인클로저/인터페이스	경쟁	100%	(부품기준)			
운전장치	공기공급장치	경쟁	95%	화학필터, 고속베어링 소재부품 수입	미국		O
					독일	O	O
	수소공급장치	경쟁	100%	(부품기준)	캐나다	O	
	열관리장치	경쟁	99%	이온제거 소재	미국		O
					일본		O
	공조장치	경쟁	100%	(부품기준)			
전장장치	구동모터	경쟁	100%	(부품기준)			
	감속기	경쟁	100%	(부품기준)			
	전력변환장치	경쟁	40%	파워소자, IC, Cap 필름 등 소재 수입	일본	O	O
					일본	O	O
					독일	O	O
	EMI/윤활/냉각	경쟁	100%	(부품기준)			
	ECU 및 제어장치	경쟁	100%	(부품기준)			
수소저장 장치	수소저장용기	추격	50%	카본파이버 소재수입	일본	O	O
	고압 밸브/배관/레귤레이터	추격	90%	고압실링소재 수입 '20년 국산화 예정	미국	O	O
					미국	O	O
					캐나다	O	O
	안전장치	추격	90%	고압실링부품 수입 '20년 국산화 예정	미국	O	O
					캐나다	O	O
					유럽	O	O
	수소충전/수소저장제어기	경쟁	100%	(부품기준)	유럽	O	O

자료: 에너지경제연구원, 현대차증권

[그림 17] 수소자동차 핵심부품(기술)별 현황

라. 수소자동차의 장점

수소자동차의 장점은 크게 네 가지로 살펴볼 수 있다.

① 친환경성
 수소는 기존 화학에너지와 달리 전기와 열로 전환할 경우 물과 전기, 열만 생성할 뿐만 아니라 온실가스나 미세먼지를 배출하지 않는다.

② 효율성
 수소연료전지는 전기만 생산 하는 경우 50~60%, 폐열 재활용 시 80~90%의 효율성을 가지고 있다. 내연기관의 효율이 20~30% 수준임을 감안하면 이는 매우 효율적인 동력원이다. 수소는 우주 질량의 75%, 우주 분자의 90%를 구성하고 있어 부존량도 매우 풍부한 에너지원이다.

③ 저장/운반가능성
 수소는 화석 연료와 달리 천연가스, 석유, 석탄, 물을 통해 분해해 얻을 수 있는 2차 에너지다. 수소는 영하 263℃로 냉각해 액화시키면 부피가 1/800으로 줄어들어 고압 탱크에 압축하면 저장과 운반이 용이하다. 저장 비용과 용량을 개선하는 기술이 발전하고 있어 유용성을 더욱 커질 전망이다.

④ 유연성
 기존 에너지원을 활용할 경우 다양한 용도에 맞춰 석유, 가스, 석탄, 원자력 등을 적용해야 한다. 하지만 수소는 발생 에너지를 수소로 전환해 일원화할 수 있다는 장점이 있다.

 위에서 살펴본 장점을 통해 자동차 산업이 수소를 동력원으로 활용하는 경우 1) 신성장 동력으로서 신재생 에너지, 화학/철강 등 신소재, 기계/장비, 건설, ICT 등 다양한 연관 산업분야와 동반 성장이 가능하고, 2) 친환경적 요소는 탄소 배출 저감과 환경 규제 대응을 가능하게 하며, 3) 에너지 안보 관점에서 석유, 가스 해외 의존도가 높은 국내 상황을 고려 시 석유를 대체하는 효과를 기대할 수 있게 된다.

장점	내용
친환경성	화석연료와 달리 전기, 열 전환시 물만 생성, 온실가스나 미세먼지 배출 없음
효율성	전기 생산 시 50~60%, 폐열 재활용 시 80~90%의 효율성 보유
저장/ 운반가능성	에너지를 활용 저장할 수 있는 2차 에너지, 액화 시 고압 탱크에 압축하면 저장과 운반이 용이
유연성	발생 에너지를 통합해 일원화 가능

[표 6] 수소자동차 장점

구분		제품			출력
종류	연료				
수소연료전지차	**수소(100)**	**연료전지스택** **64%**	**BOP/전력변환기/모터** **95%**		**60**
내연기관차	경유(100)	엔진(경유) 35%	동력전달 95%	BOP 95%	32
	휘발유(100)	엔진(휘발유) 25%	동력전달 95%	BOP 95%	23

자료: 에너지경제연구원, 현대차증권

[그림 18] 수소자동차 연료전지 스택과 내연기관의 에너지 효율성 비교

구분	수소	휘발유	경유
분자식	H2	C8H18(C4~C12)	C12H26(C16~C32)
중량에너지밀도 (MJ/kg)	142	원유 44.9	-
기체비중 (공기=1)	0.0695	702	876
고위 발열량 (25℃ 정압 kcal/kg)	34,000	11,362	10,685
저위 발열량 (25℃ 정압 kcal/kg)	28,600	10,550	10,135
연소범위(%)	상한75	상한 4.7	상한 6
	하한 4	하한 1.5	하한 1
연소속도(%)	2.65	1.83	-
자연발화온도(℃)	572	250	225

자료: 에너지경제연구원, 현대차증권

[그림 19] 수소와 석유제품(휘발유 및 경유)의 특성 비교

3

수소자동차 시장 동향

3. 수소자동차 시장 동향
가. 해외 동향

IEA(International Energy Agency)의 전망에 따르면, 2015년 이후 친환경차의 비중이 꾸준히 증가해 10년 내 내연기관차 시장을 넘어설 것으로 예상되며, 시장 장악 속도 또한 빨라질 것으로 예상된다.

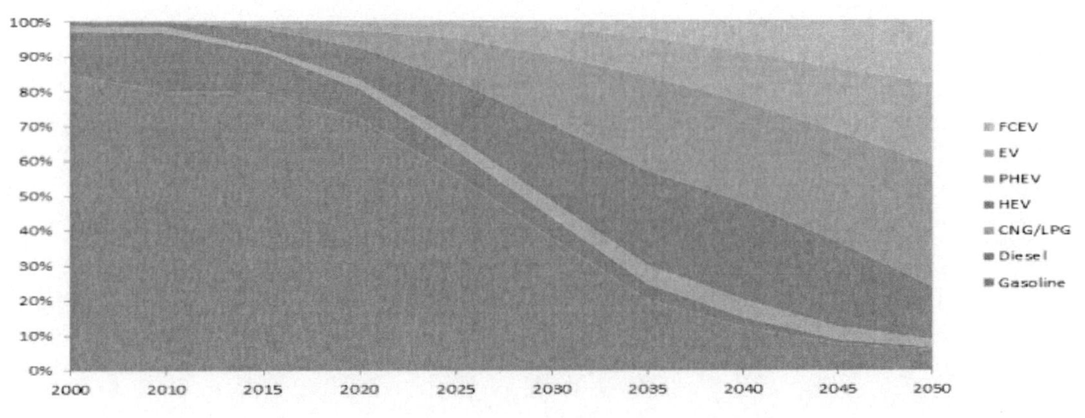

[그림 21] 자동차 세계 시장 전망 (IEA, 2012)

IEA의 시나리오에 따르면 수소자동차는 2020년에 시장이 형성되어, 수소자동차 판매가 전체 자동차 판매에서 차지하는 비중이 2030년 1.8%, 2040년 8.7%, 2050년 17.7%에 달할 것으로 예측된다.[9]

	2025	2030	2035	2040	2045	2050
수소전기차 시장점유율 (%, 판매대수 기준)	0.3	1.8	4.4	8.7	13.5	17.7

[표 7] 수소전기차 보급 예상

글로벌 시장조사기관인 '포춘 비즈니스 인사이트'의 수소연료전지차 시장에 대한 전망을 담은 보고서에 따르면, 수소연료전지차 시장은 오는 2027년 2481억달러(약 295조원) 규모로 성장할전망이다. 포춘 비즈니스 인사이트는 수소연료전지차 시장의 급성장을 예상하며 2020년부터 2027년까지 연평균 성장률이 56.7%에 이를 것으로 예상했다.

또한 포춘 비즈니스 인사이트는 특히 아시아·태평양 지역이 수소차 시장의 핵심 플레이어로 점쳤다. 무엇보다 이들 지역은 수소차 인프라 구축에 적극 나서고 있기 때문이다. 여기에 수소차 강자인 현대자동차나 토요타가 아시아태평양 지역에 위치하고 있어 시너지 효과가 기대되고 있다.[10]

---

9) 수소전기차, KISTEP 기술동향브리프, 2018

  2025년 글로벌 수소자동차 판매량 3.4만대 중 한국이 1.12만대, 일본이 1.09만대로 전체 판매량의 65%를 차지할 것으로 예상된다. 이 외에도 미국 3천대, 중국 2.4천대, 독일 2백대 등 초기 데이터 축적, 상용화를 위한 연구개발, 및 공공분야 수요가 주 수요를 이룰 것으로 전망된다.

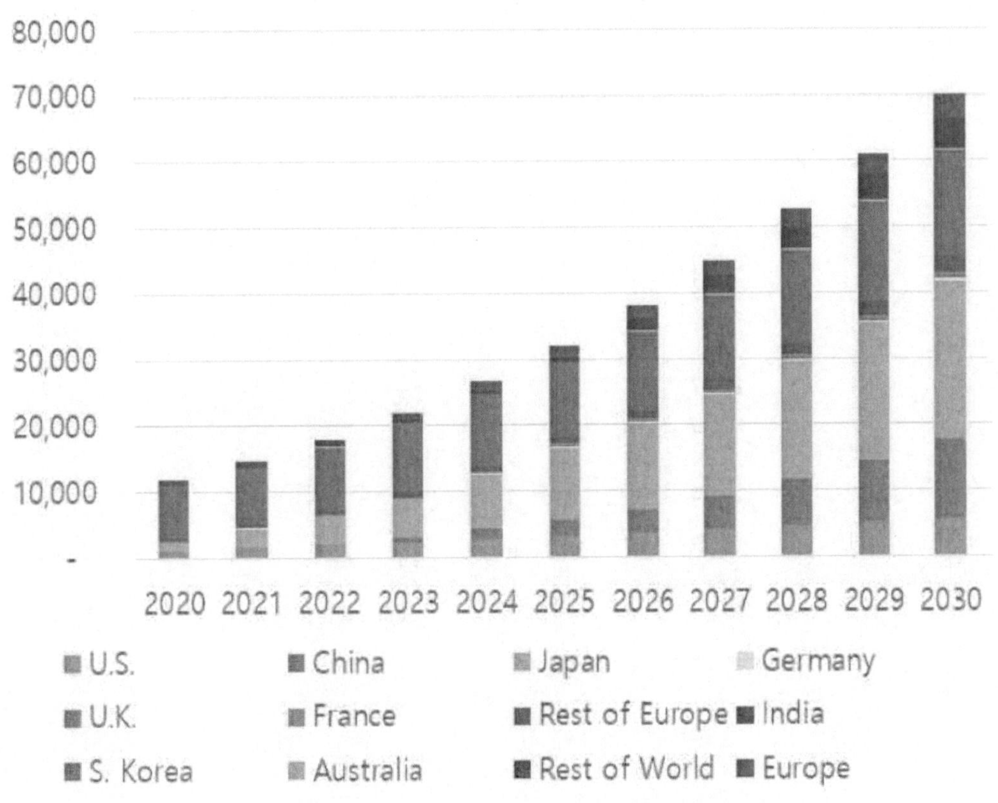

[그림 22] 글로벌 수소자동차 시장 전망

  2030년 글로벌 수소자동차 시장규모 역시 7만대 수준이나, 2030년 이후 수소자동차의 성능 개선 및 가격하락이 이루어질 경우 전기자동차와 유사한 성장패턴을 형성할 것으로 예상된다. 2035년 글로벌 수소자동차 판매량은 100만대를 상회하여, 2040년 300만대에 달할 것으로 예상되며 전기자동차처럼 기술 및 가격 혁신 속도에 따라 시장침투율은 빠르게 올라갈 것으로 전망된다.

---

10) 글로벌 수소차 시장, '2027년 300조' 전망…연평균 56.7% 성장, 더그루, 2020.08.22

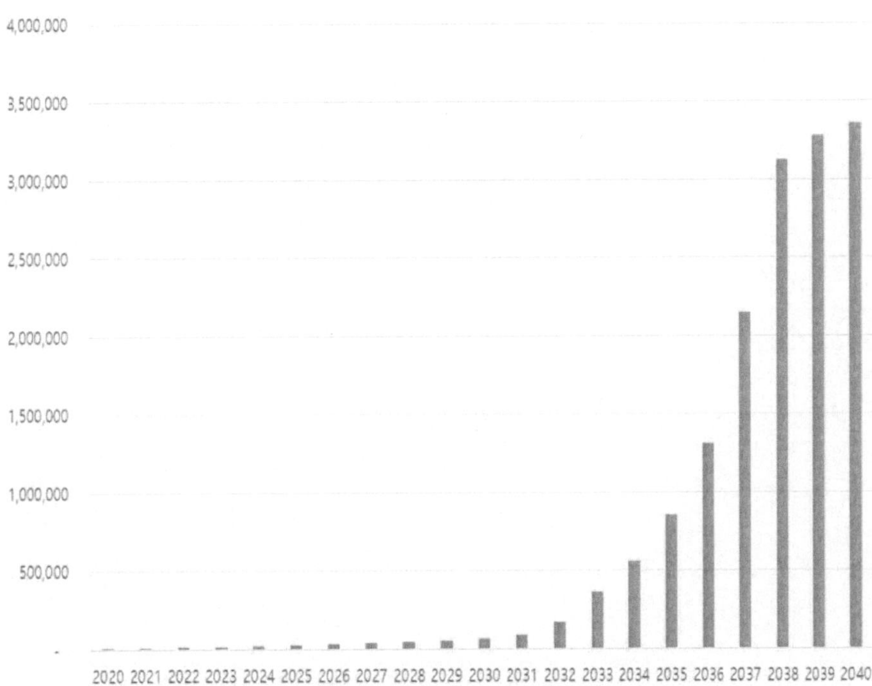

[그림 23] 글로벌 수소자동차 시장 전망

　수소생산은 그레이(Grey), 블루(Blue), 그린(Green) 수소로 구분할 수 있으며, 그레이수소는 화석연료를 통해 생산된 수소이고, 블루수소는 그레이수소에서 탄소 포집 및 저장기술을 적용한 것이며, 그린수소는 신재생에너지를 이용해 수전해(물을 전기분해해 수소와 산소를 제조) 방식으로 제조한 수소로 분류한 것이다.

　현재 수소제조의 95%가 그레이 수소를 통해 제조되고 있으며, 그레이 방식을 통한 수소제조는 수소 1kg 생산에 이산화탄소 5.5kg 발생해 친환경 제조방식이 아니다. 저탄소 수소경제 달성을 위해선 수소제조 방식도 청정한 방식으로 바뀌어야 하며 결국 신재생에너지를 이용한 방식이 대세를 이룰 것으로 예상된다.

　현재 천연가스를 이용한 수소제조 비용은 $1.5~3.0/kg인데 반해, 신재생에너지를 이용한 수소 제조 비용은 $2.5~4.5/kg 수준으로 그레이수소 대비 그린수소 생산비용이 더 높기 때문에 경제성이 낮은 상황이다. 2018년 기준 수소생산단가는 부생수소 방식 1kg당 2,000원 미만, 천연가스 개발 2,700~5,100원, 신재생에너지를 이용한 수전해 방식 9,000~10,000원 수준으로 석유화학이나 제철 공정에서 부산물로 발생하는 수소가 가장 저렴한 상황이다.

　신재생에너지 대량생산 및 기술발전으로 발전단가가 빠르게 하락하고 있어, 신재생에너지 전기를 활용한 수소생산단가로 하락할 것으로 예상되며, 2030년 예상 생산단가는 $1.2~2.7/kg, 2050년 $0.8~1.6/kg 수준으로 하락해 2030년 이후 수소경제 시대의 본격적인 서막이 열릴 전망이다.11)

---

11) 패러다임 변화를 맞이하고 있는 자동차 산업, 뉴딜산업 분석보고서, 한국수출입은행, 2020.12

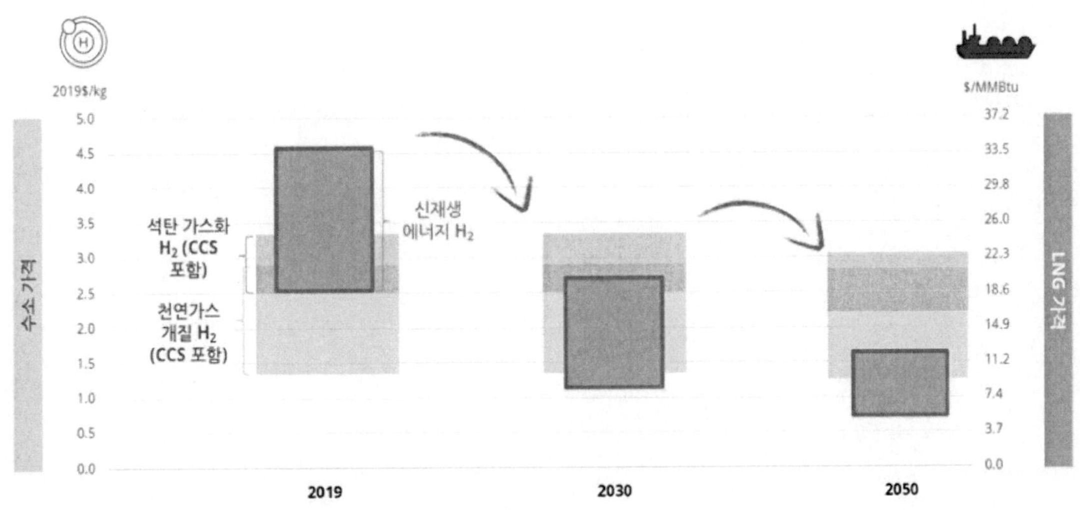

[그림 24] 글로벌 수소 생산단가 전망

 미래차 분야는 급격한 기술진화와 산업 패러다임의 변화를 바탕으로 기존 완성차 차량의 저성장 기조 속에서도 급속한 팽창이 예상되며, 2030년 미래차 시장은 전기·수소차, 자율주행자동차, 이동서비스 산업이 주도할 것으로 전망된다.

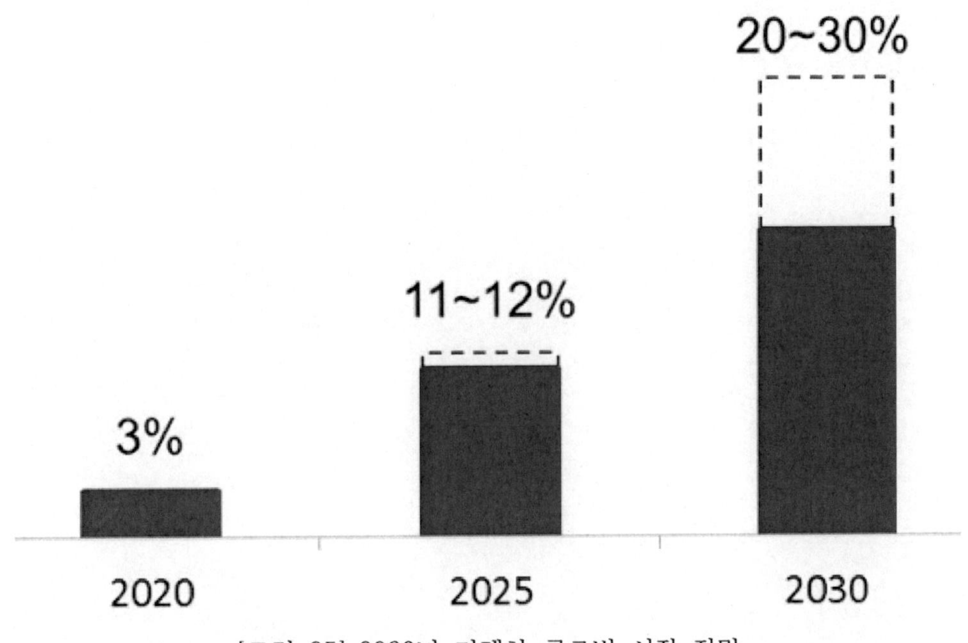

[그림 25] 2030년 미래차 글로벌 시장 전망

  구체적으로 친환경자동차 시장 역시 크게 성장하며 2030년에는 전체 완성차의 약 20%를 차지할 전망이다. 특히, 2030년 전기차는 전체 자동차 생산의 18%를 차지할 정도로 크게 성장할 전망이다.[12]

구분		2017년	2020년	2030년
세계 자동차 생산		9,466만대	9,877만대	11,460만대
친환경 자동차	전기차	122만대	345만대 (약 3.5%)	2,100만대 (약 18%)
	수소차	3,652대 (2016년)	16,602대(2022년)	73,441대

[표 8] 글로벌 친환경자동차 시장 전망

---

12) 미래차 국·내외 시장 동향, 손가녕, 2020.03

나. 국내 동향

국내 완성차 시장은 대외적인 영향 등으로 인해 지난 수년간 생산이 급감하는 등 부침을 겪었지만 2019년부터 일부 부품기업들의 경영실적이 다소 개선되는 모습4)이다. 하지만 국내 완성차 시장의 부침 속에서도 국내 미래차 시장은 글로벌 시장의 성장과 함께 크게 성장할 것으로 예상되며, 이에 따라 기존 완성차 업체뿐만 아니라 ICT 업체 등 아직 시장이 개척되지 않은 융합시장이 창출되고 있는 상황이다.

자동차 산업은 전후방 산업과의 연계성이 높고 관련 산업으로의 확장 가능성이 높은 산업으로 잠재력 있는 산업생태계를 조성한다면 주변 산업의 경쟁력까지 강화되며 산업이 활성화될 것으로 기대된다.

친환경차 시장의 국내 생산 규모는 2020년 전기차 14만대, 수소차 약 1,500대에서 각각 연평균 20.0%, 8.1%로 성장하여 2030년에는 전기차 87만대, 수소차 3,300대 규모가 될 것으로 전망된다. 13)

구분		2017년	2020년	2030년	CAGR (2020~2030)
세계 자동차 생산		9,466만대	9,877만대	11,460만대	1.5%
국내 친환경 자동차	전기차	1.5만대	14만대	87만대	20.0%
	수소차	1,387대	1,509대	3,300대	8.1%

[표 9] 국내 친환경자동차 시장 전망

최근 발표한 수소경제 활성화 로드맵에서는 2025년까지 현재의 절반 수준인 3,000만원대 수소 자동차를 공급 가능할 것으로 전망된다. 현대자동차는 2025년 수소자동차 판매량이 6만대에 도달할 경우 전체 제조원가의 50%를 차지하는 연료전지 가격은 900만원 수준까지 하락, 2030년 400만원까지 하락할 것으로 전망된다. 결국 수소자동차 성장의 핵심은 규모의 경제를 얼마나 빨리 달성할 수 있느냐에 달려 있다.14)

수소 시장 전문조사기관 H2리서치에 따르면 2022년 1분기 전세계 수소차(승용차+상용차)는 3,835대가 판매돼 2021년 동기대비 다소 감소했다. 국가별로는 한국이 1,435대(37%)로 세계 시장 1위를 지속하고 있으며 미국이 1,033대로 2위(28%), 중국이 772대(20%)로 뒤를 이었다. 한국은 2021년 동기대비 18% 감소했는데 이는 2021년에 발생한 현대차 넥쏘의 리콜이 다소 영향을 끼친 것으로 판단된다.

---

13) 미래차 국·내외 시장 동향, 손가녕, 2020.03
14) 패러다임 변화를 맞이하고 있는 자동차 산업, 뉴딜산업 분석보고서, 한국수출입은행, 2020.12

업체별로는 현대자동차가 2022년 1분기 1,637대를 판매해 세계 판매 1위를 지속했으나 2021년 동기대비 20% 감소했다. 도요타도 1,397대를 판매했으나 2021년 동기대비 판매량 감소를 보였다.[15)

SNE리서치에 따르면 현재 세계 각국에 등록된 수소연료전지차의 총 판매대수는 1만891대로 2021년 대비 강보합세를 보였다. 2021년 보다 2배 가까이 급성장했던 수소차 시장이 2022년 각종 글로벌 이슈에 직면하면서 눈에 띄는 성장을 보여주지 못하고 있는 모습이다.

글로벌 수소차 시장의 성장세 둔화 요인은 기업들의 전기차 중심 전략으로 인한 수소차 시장 성장 정체, 반도체를 중심으로 한 부품 및 원자재의 공급망 문제, 러시아-우크라이나 분쟁 등의 이유가 작용하고 있다는 분석이다. 특히 기업들의 전기차 시장 중심 전략으로 인한 수소차 시장의 성장 정체가 글로벌 수소차 업체들의 가장 큰 고민이 되고 있다.

이런 가운데 현대차는 2021년 대비 16.1%의 성장률을 보이며 수소차 시장 1위 자리를 지켰다. 현대 넥소(1세대) 2021년형의 꾸준한 판매 실적으로 향후 수소차 시장의 선두자리를 유지하는데 큰 어려움이 없을 전망이다.[16)

[2022년 1분기 국가별 수소차 판매 현황] * 단위 : 대

구분	2021년 1분기		2022년 1분기		
	판매대수	점유율	판매대수	점유율	'21년1분기대비 성장률
한국	1,644	40%	1,435	37%	-18%
미국	1,034	25%	1,033	28%	-0.1%
일본	936	23%	469	12%	50%
중국	150	4%	772	20%	415%
유럽	85	2%	93	2%	9%
기타	275	7%	32	1%	-88%
합계	4,124	100%	3,835	100%	-7%

(출처 : H2 리서치, 글로벌 수소전기차 시장동향 및 전망)

최근 한국자동차산업협회(KAMA)가 발표한 '2022 상반기 자동차 신규등록 현황 분석' 보고서에 따르면 중국산 수입차는 2022년 상반기 국내 시장에서 총 5112대가 팔리며 2021년 같은 기간(2269대)보다 판매량이 125.3% 급증했다. 독일(-2.9%)이나 미국(-22.6%), 일본(-25.8%) 등 주요 국가들의 판매량이 급감하는 가운데 유일하게 성장세를 기록했다.

---

15) 투데이에너지 '수소차, 전년대비 판매량 7% 감소'
16) 에너지데일리 '글로벌 수소차 시장, 성장이 멈췄다'

특히 화물차, 버스 등 상용차의 판매가 '폭풍 성장'했다. 2021년 상반기 11대에 그쳤던 전기 화물차가 916대나 팔렸고, 전기버스도 같은 기간 148대에서 436대로 급성장했다. 413대에 불과했던 전체 판매 규모가 1703대로 3배 이상 많아졌다. 중국산 전기 상용차의 약진은 무엇보다 저렴한 가격 덕분이다. 게다가 다양한 모델, 차별 없는 보조금 등도 영향을 끼쳤았다.

2022년 상반기 전기버스 출시 모델 수를 보면 국산은 9종이었고, 수입산은 20종이었다. 전기 화물차는 국산 점유율이 95.2%였다. 하지만 국산보다 1000만원정도 저렴한 중국산 소형 화물차는 2022년 상반기 915대가 팔려 2021년 상반기(11대)보다 판매량이 증가했다.[17]

환경부 조사에 따르면, 2021년 무공해차 신규 보급대수는 약10만9000대로 전년 대비 2배 이상 증가한 것으로 나타났다. 전체 신규 차량 175만대 중 6% 수준을 차지하는 것으로 알려졌다.

특히 전기자동차에 대한 관심이 높아지고 그에 따라 다양한 전기자동차가 출시되면서 신규 보급 대수가 2.3배 증가했다. 전체 신규 등록차량 중 전기차의 비율 역시 2021년 1.9%에서 4.8%로 크게 늘었다. 그 중 수소차의 활약이 돋보인다. 수소차는 2021년 8532대로 늘었는데, 이는 전년도 5843대 신규 보급에 비해 46% 증가한 수치다.[18]

구 분	~'18년	'19년	'20년	'21년	누적
계	56,751	39,274	52,556	108,959	257,540
전기차	55,843	35,080	46,713	100,427	238,063
수소차	908	4,194	5,843	8,532	19,477

표 10 국내 무공해차 보급 현황

---

17) 쿠키뉴스 '한국시장 진출 본격화...보폭 넓히는 중국차'
18) IMPACTON '환경부, 2022년 무공해차 누적 50만대 보급 계획 발표... 실현가능할까?'

4

수소자동차 기술 동향

4. 수소자동차 기술 동향[19)

가. 수소저장장치

  수소자동차의 구조를 살펴보면, 자동차 뒤쪽 아래에 수소 탱크가 탑재되어있는데 이 곳에 부피가 큰 수소를 압축하여 저장한다. 고압가스를 저장하는 연료탱크를 타입별로 살펴보면, 총 Type1~4로 구분된다. Type1은 완전 스틸(강철)로 이루어진 연료탱크이고 Type2는 탱크통 일부를 유리섬유로 감은 것, Type3은 탱크통을 완전 탄소섬유로 감은 형태이다. 그리고 Type4는 비 강철 라이너, 즉, 고밀도 플라스틱 라이너를 완전 탄소섬유로 감아서 완성한다.

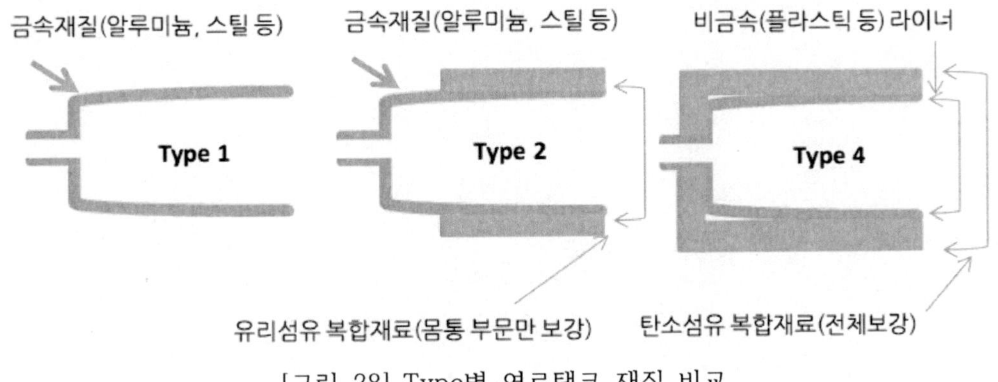

[그림 28] Type별 연료탱크 재질 비교

  CNG 버스 연료탱크나 LPG 가스탱크는 강철 재질로 만든 Type1 방식이다. 반면, 수소자동차 연료 탱크는 고강도 플라스틱 재질의 탱크를 탄소섬유 실로 감아만든 Type4 방식의 초경량 복합소재 연료탱크로 만들어진다. Type4 연료탱크는 탄소섬유로 만들어져 강철로 만든 Type1,2 에 비해 60% 가량 가볍다. 이 때문에 연료 손실도 적고 타이어나 브레이크 라이너의 수명도 비교적 길다는 장점이 있다.

  수소자동차에 Type4 탱크를 탑재한 가장 큰 이유는 수명과 안전성 때문이다. 700bar 고압의 수소를 충전하기 때문에 탱크가 '늘었다', '줄었다'를 반복하는데 이 과정에서 Type1,2 탱크는 금속 피로도가 쌓여 수명이 비교적 짧다. 반면, Type4의 라이너는 플라스틱 소재로 만들어져 복원력이 뛰어나 피로도에 강하다. 또한 고온에서 자가 가스 방출 시스템을 적용해 화재나 충격, 충돌에도 견딜 수 있도록 설계되어있다.

  수소자동차 고객이 가장 우려하는 부분 중 하나는 수소연료탱크의 폭발 위험이다. 그러나 수소자동차는 애초에 폭발할 수 있는 화학적 환경이 조성되지 않는다. Type4 연료 탱크 제조방식을 보면 에폭시와 열경화성 수지 등을 합친 복합소재가 적용된다. 탱크가 고압에서도 잘 견딜 수 있도록 탄소섬유를 다양한 패턴으로 여러 겹으로 감은 형태이다. 실을 왼쪽, 오른쪽, 사선 방향 등으로 둘러감은 형태라는 것이다. 이렇게 특수 패턴으로 겹겹이 감긴 탄소섬유는 충격이나 큰 외부 충격을 받더라도 폭발하지 않고 살짝 찢어지면서 수소가스를 공기 중으로 날려보낸다. 이는 탄소섬유의 탄력적인 재질 특성 때문이다.

---

19) 수소차! 뼛속까지 파헤치기, BNK 투자증권, 2019.03.06

그리고 수소는 지구상에서 가장 가벼운 원소이기 때문에 1초에 24m를 날아갈 정도로 확산이 빨라 누출과 동시에 공기 중으로 희석된다.

미국에너지부와 USDRIVE 컨소시엄의 탱크 포함한 5kg 수소 사용가능 고압수소저장시스템의 상용화 가격 목표는 2030년 기준 $8/kWh로 정하고 있다. 이는 상온에서 5.6kg의 수소를 저장하여 500km를 주행할 수 있는 연50만 연료저장시스템의 양산체제를 구비한 경우이며 1kg의 수소열량을 33.3kWh로 계산한 값이다. 이 가격목표달성을 위해서는 650ksi3이상의 신장강도를 갖는 탄소섬유가격을 현재 $13/lb4에서 최저 50% 를 저감하여 $6/lb로 생산할 수 있는 기술과 탄소섬유를 포함하는 수지가격을 현재 $10/kWh에서 35% 저감하여 $6.5/kWh로 낮추어야 한다.

	Strength (KSI)	Modulus (MSI)	Estimated Production Costs
Current Market Fibers (Aerospace Grade)	751	38	$15~20/lb
Project Target	650~750	35~38	$10~12/lb
Current Status Precursors	400	25~35	$10~12/lb

[표 11] 항공용 탄소섬유와 ORNL 개발 저가 탄소섬유

고압수소저장탱크의 생산비 구성을 보면, 탄소섬유가 약 75%를 차지하고 있다. 따라서 저가의 수소탱크를 위해서는 저가격 탄소섬유 생산기술이 필수적이다. 이에 2007년부터 현재까지 아르곤국립연구소(ORNL)는 Toray의 T799/24k 탄소섬유(24k tow, 700ksi tensile strength, 33Msi tensile modulus) 와 동등한 특성을 갖는 탄소섬유를 저가격으로 생산하는 기술을 DOE EERE Freedom CAR 프로그램으로 개발 중에 있다.

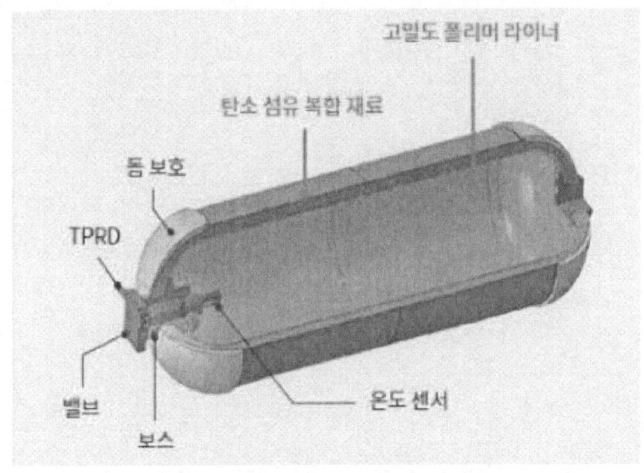

[그림 29] 수소연료탱크 구성

DOE 개발목표와 항공기용 탄소섬유, 그리고 현재 ORNL 팀의 기술현황을 볼 수 있다. 성능
특히 tensile strength가 크게 못미치고 있으나 개발가능성은 큰 것으로 전망되고 있다.

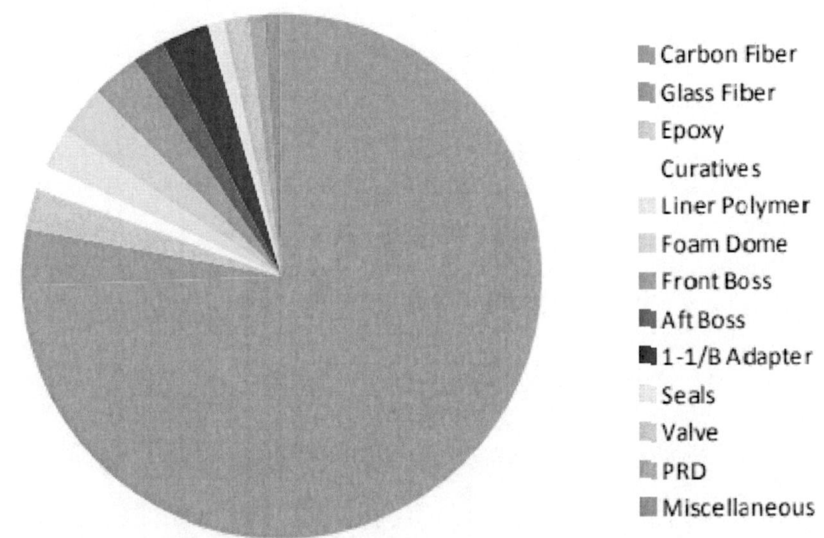

[그림 30] 탄소섬유 고압수소저장탱크 생산비 구성비율

　수소연료탱크의 경우에는 수소자동차차 원가의 약15~20%를 차지하는 부품으로 탱크가 소형
화되고 한 차종당 탑재되는 개수가 증가하는 추세에 있다. 이는 주행 거리 상향, 차량 layout
설계에 유리하기 때문이다. 현재, 탄소섬유 고압수소저장탱크는 글로벌리 5개 업체 정도가 하
고 있다. 국내에서는 일진다이아의 자회사인 일진복합소재가 유일하며 해외 업체로는 일본의
도요타, 혼다, 미국의 링컨 등이 자체 개발하고 있는 실정이다.

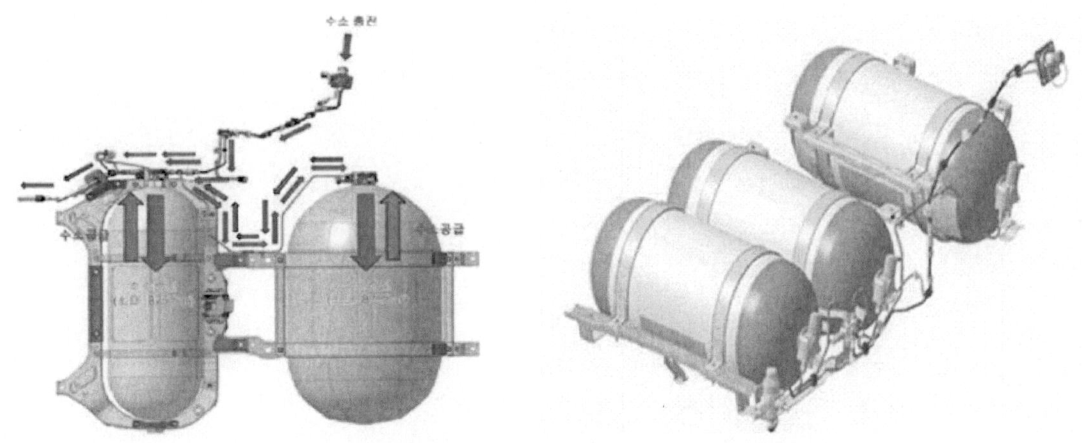

[그림 31] 수소연료탱크 - 소형화 & 2개 이상 탑재되는 추세

나. 수소공급장치

 차량용 연료전지의 수소공급장치는 연료탱크에서 고압으로 충전된 수소가 고압 레귤레이터를 통해 일정 압력으로 조절되고 저압 레귤레이터를 통해 스택에 공급될 수 있는 압력으로 조절된다. 여기에서 고압 레귤레이터와 저압 레귤레이터 사이에는 수소의 흐름을 조절하기 위하여 솔레노이드 밸브가 설치되어 있다. 또한 스택에 공급되는 수소는 효율을 높이기 위하여 반응에 필요한 양보다 더 많은 양을 공급하기 때문에 배기가스 중에는 수증기 뿐 만 아니라 상당한 양의 수소가 포함되어 있다. 그리고 이를 재순환시키기 위해 배기라인에서 분리된 수소 재순환라인이 형성되어 있다.

 수소 재순환라인에는 블로어가 설치되어 재순환되는 수소 가스가 스택으로 용이하게 순환되도록 한다. 블로어는 회전시키기 위한 동력이 필요하지만 필요에 따라 동력이 필요없는 이젝터가 설치될 수도 있다. 여기서 이젝터가 설치될 경우 이젝터의 내부에서 연료탱크로부터 공급되는 가스와 재순환되는 가스가 혼합되어 스택으로 공급된다.

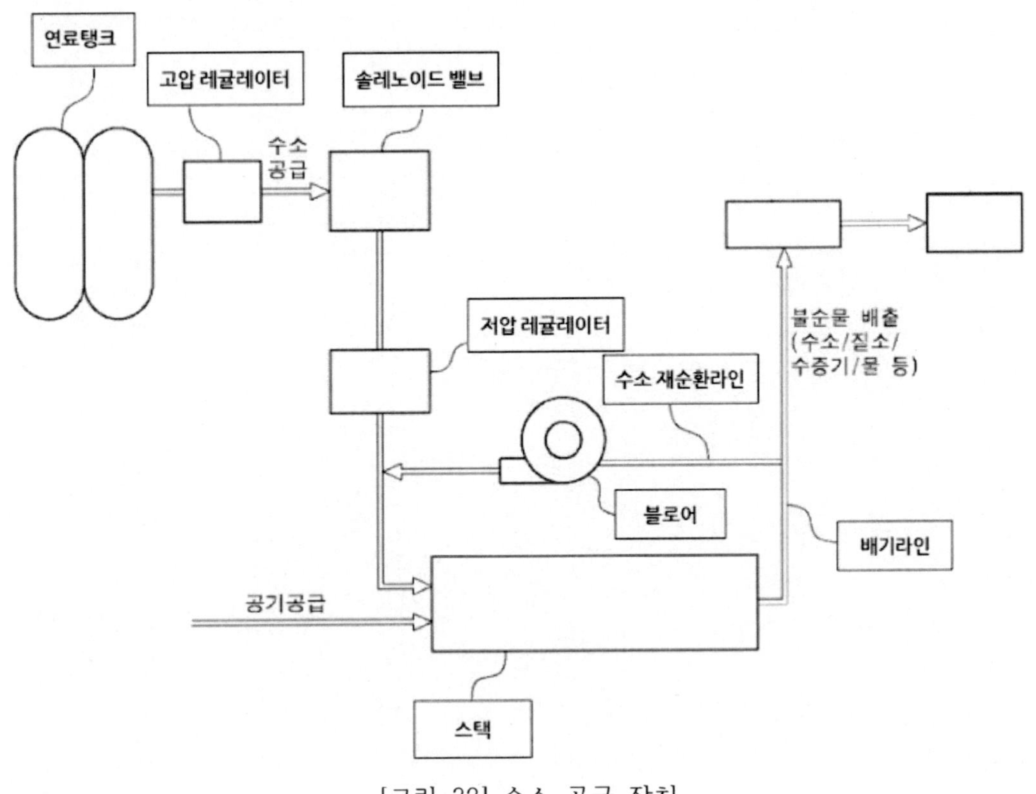

[그림 32] 수소 공급 장치

 수소공급장치에서의 주된 기술적 방향성은 스택에 공급되는 수소가스의 상대습도 관리에 있다. 스택에 공급되는 수소가스의 상대습도는 효율을 고려하여 80% 이상을 유지해야 하지만 100% 미만으로 관리해야 한다.

스택으로 공급되는 수소는 상대습도가 높을 경우 액적이 발생하여 유로를 폐쇄시키는 플러딩
(flooding) 현상이 발생하고, 상대습도가 낮을 경우 전극의 습도가 감소하면서 전해질 막이 건
조되어 이온 및 전자의 이동이 급격히 둔화되는 드라이아웃(dryout) 현상이 발생하기 때문이
다. 하지만 스택에서 배출되는 수소가스의 온도는 약 70℃로 비교적 일정하지만 연료탱크로부
터 공급되는 수소의 온도는 대기의 온도에 따라 그 범위가 달라지기 때문에 적절한 상대습도
의 수소가스를 스택에 공급하는 것은 쉽지 않다.

이에 온도가 -30℃까지 떨어지는 혹한기에는 고온다습한 스택에서 배출되는 수소가스와 연
료탱크에서 공급되는 수소가 바로 혼합되면 혼합가스의 온도가 과도하게 떨어질 뿐만 아니라
상대습도가 100%에 도달하여 다량의 액적이 발생하게 된다. 이를 방지하기 위하여 스택에서
배출되는 냉각수의 폐열로 연료탱크에서 공급되는 수소가스의 온도를 미리 예열시키는 열교환
기를 설치하고 있다.

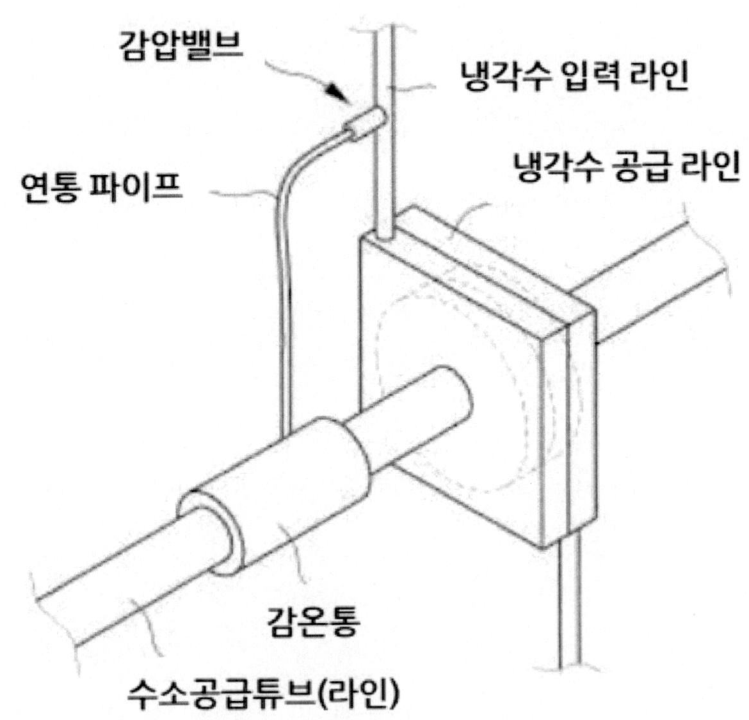

[그림 33] 수소공급장치 조절부 도면

그런데 혹서기에는 연료탱크로부터 공급되는 수소가스의 온도가 이미 30℃ 이상이다. 이를
스택에서 배출되는 냉각수로 예열할 경우, 이젝터에 공급되는 수소가스의 온도가 45℃ 이상으
로 올라간다. 그러므로 스택에서 배출되는 수소가스와 혼합되면 혼합가스의 온도가 과도하게
높아질 뿐만 아니라 상대습도가 50% 이하로 떨어져 드라이아웃 현상이 발생하는 문제가 있
다. 이에 등장하고 있는 것이 감압밸브이다.

즉, 열교환기에 공급되는 냉각수의 양을 조절하는 조절부를 설치하겠다는 것이다. 그리고 이 조절부는 수소공급튜브(라인)[20]에 설치되며 작업유체[21]가 들어오는 감온통[22]과 감온통에 들어온 작업유체의 압력에 따라 작동하는 감압밸브로 이루어진다. 감온통에 들어온 작업유체의 압력에 따라 작동하는 감압밸브로 냉각수의 양을 조절함에 따라 별도의 구동부가 필요 없게 되고 수소공급튜브(라인)의 외주변을 감싸는 감온통을 구비하므로 전열면적이 넓어 수소공급라인의 온도변화를 민감하게 감지할 수 있다.

이러한 수소공급장치들은 실상 산업용이나 항공용으로 꽤나 자주 쓰이고 있던 장비들이다. 이를 어떻게 구성하고 설계하느냐에 따라 수소를 안정적이고 효율적으로 공급할 수 있는 것이다. 따라서 수소공급장치 자체는 연료탱크나 연료전지 스택처럼 큰 기술력을 요하지는 않는다. 다만, 전체적인 배치에 관한 설계쪽에 높은 진입장벽이 있다고 보면 된다.

그래도 레귤레이터나 밸브 정도는 눈여겨볼 필요가 있다. 압력 레귤레이터의 경우에는 CNG 차에 사용되고 있으며, 솔레노이드 밸브는 자동변속기 유압 제어에 사용되며 이미 내연기관차 내에서 사용되고 있다. 그러나 수소차에 적용 시, 고압 수소를 제어해야하기 때문에 더 높은 기술력을 요하고 내연기관일 때보다 가격은 수배에 이르게 된다.

레귤레이터의 경우에는 아직 수입에 의존하고 있다. 그러나 2020년을 목표로 빠르게 국산화를 진행하고 있는 실정이다. 또한 솔레노이드 밸브는 최근 연료차단 밸브 시장의 트랜드라는 점에서 주목할 필요가 있다. 그리고 이미 국산화가 완료되어 관련 업체에 대한 관심이 유효하다. 압력 레귤레이터는 가스 그릴에서 프로판 압력을 조절하거나 가정용 보일러 안에서 천연가스 양을 조절, 병원에서 산소나 마취가스를 조절, 분사하는 장치 안에 쓰이는 등 다양한 분야에서 사용된다.

활용 사례는 이렇게 다양하지만 공급 압력을 낮추는 단 한가지 역할만 수행하는 장치이다. 압력 레귤레이터의 기본 작동원리를 보면, 우선, 장치를 가동하면 스프링이 밸브를 열 수 있을 만큼의 힘을 생성한다. 그리고 가압 유체가 유입구를 지나 밸브를 통해 조절기 안으로 들어가 피스톤 또는 다이아프램 등의 감지 및 검출 장치까지 이동한다. 조절 작업이 끝나면 감지 및 검출 장치에 압력이 작용함으로써 탄성력에 대항하는 힘을 생성하고 밸브를 닫게 된다.

---

20) 9.5 bar 이상 압력을 견디는 스테인레스 재질의 튜브
21) 액체와 기체를 합쳐 부르는 용어
22) 온도식 자동 팽창 밸브에서 증발기 출구에 부착되어 출구 냉매 상태에 따라 TEV(과도전압) 열림을 조정하는 감온구

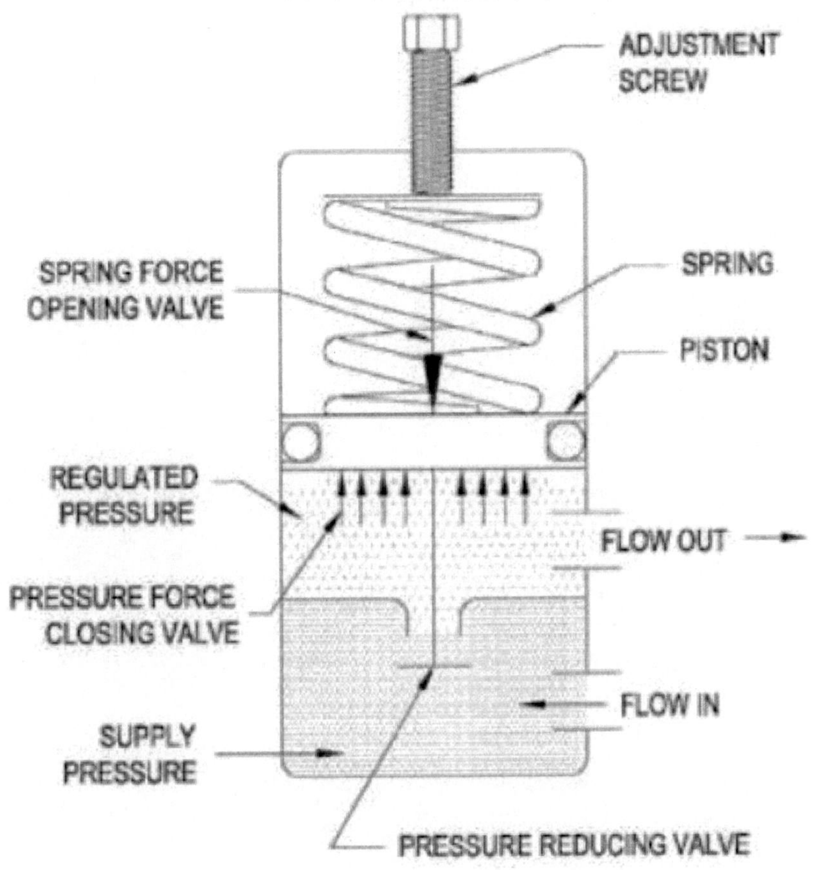

[그림 34] 압력 레귤레이터 작동원리

압력 레귤레이터는 Droop/Rise Range를 통해 정확도나 성능을 판단할 수 있다. Droop이란 유량이 증가함에 따라 압력이 설정치 이하로 떨어지는 것을 의미하고, Rise란 유량이 감소함에 따라 출구 압력이 증가하는 현상을 의미한다. 일단(single stage) 압력 레귤레이터의 경우에는 이러한 Droop/Rise를 일정 범위 운영되도록 하는 것에 한계가 있다. 즉, 입구 압력이나 유동률이 큰 경우에는 작업을 잘 수행하지 못하기 때문에 여러 개의 레귤레이션을 연결하는 추세이다.

일단(single stage) 압력 레귤레이터의 경우, 500psi의 입구 압력을 허용하고, 0~300 출력압을 생성한다. 따라서 0.5psi의 저 유량, 저 압력조절 작업에 적합하다. 그러나 삼단까지 가게 되면 최소 0~30psig, 최대 3,000psi 범위로 입구 압력을 조절할 수 있다. 이는 첫 번째 단계에서 입구 압력이 큰 변화를 겪는다 하더라도 두번째 단계를 격리함으로써 출구압 안정이라는 결과를 낳게 되기 때문이다. 특히 유동률이 광범위하게 변화하거나 입구 압력이 시간이 지남에 따라 증가 혹은 감쇠하는 경우에도 안정적인 동작을 보장한다. 따라서 입구 압력이 시간이 지남에 따라 줄어드는 수소저장탱크 등에는 삼단 레귤레이션이 적합하다.

또한 검사장치는 피스톤보다는 다이아프램이 더 큰 표면적을 가지고 있어 더 나은 성능을 보
장하기 때문에 삼단+다이아프램을 사용한 레귤레이션이 적용되고 있는 실정이다.

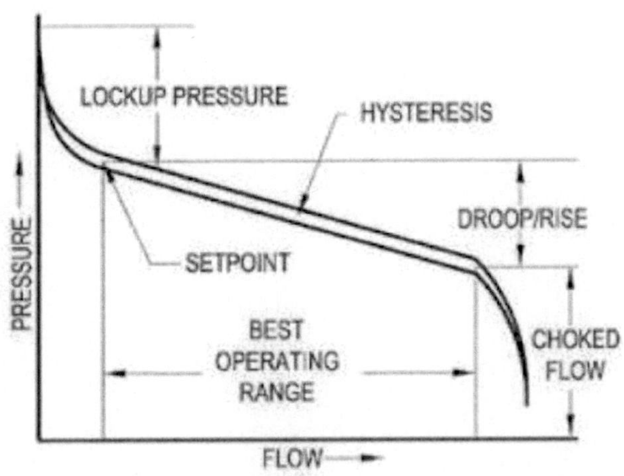

[그림 35] 유동률 변화에 따른 출구 압력

[그림 36] 삼단 다이아프램식 레귤레이션
(수소자동차용)

국산화를 위한 노력이 계속되고 있으나 아직까지는 미국이나 캐나다의 레귤레이션 기업
(Ligao, Emerson 등)들로부터 수입하여 적용되고 있다. 이는 특히, 고압실링에 대한 기술력
및 소재 가격 때문에 쉽게 국산화가 이루어지지 못하는 측면이 있다.

　고압 레귤레이션 실링 소재는 밀봉 부재의 몸체부와 날개부에 고온용 초고분자량 폴리에틸렌 (UHMW-PE)[23]을 사용하는 것이 가장 최신 기술이다. 마찰계수가 낮기 때문에 스풀[24]의 원활한 상하운동을 보장하면서 양호한 가공성과 높은 내구성을 가져오기 때문이다. 그리고 몸체부쪽에 들어가는 백업링을 사용하는데 이 때 백업링은 테프론[25] 소재를 사용하게 된다. 이 또한 내구성 및 상하운동의 원활성에 유리하다. 이렇듯 실링 구조에 따른 설계뿐 아니라 소재 선택까지 높은 기술력을 요하며 소재 또한 높은 가격으로 수입해야 하기때문에 어려움이 있는 편이다.

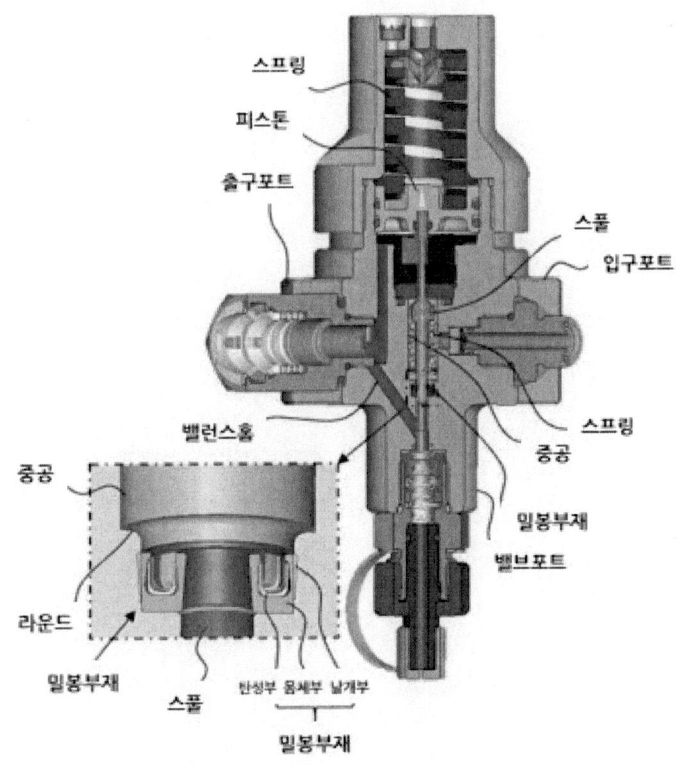

[그림 37] 고압 레귤레이터 구조

---

23) 시중에 사용되는 가공용 PE는 HDPE로 UHMW-PE는 평균 분자량이 300만 이상의 초고밀도 폴리에
　　틸렌으로 HDPE 대비 우수하지만 가격이 약2배 정도 높다
24) 어떠한 것을 감기위한 원통상의 것. 릴이라고도 함.
25) 테프론의 경우, 중국에서 수입하기 때문에 가격이 비싼 편은 아니지만 최근 환경규제 때문에 중국에
　　서 테프론 가격이 급등하면서 문제가 되고 있다

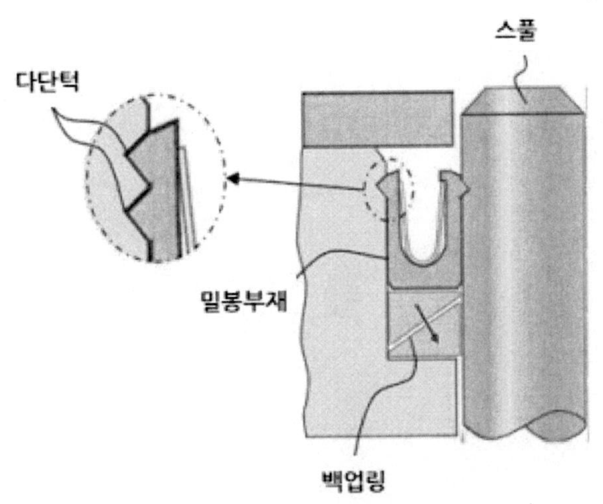

[그림 38] 고압 레귤레이터 실링 구조

솔레노이드 밸브는 공기, 가스, 물, 오일, 스팀 등에 대한 흐름을 제어하는 기술로 연료차단 밸브쪽에 속한다. 현재 석유, 가스회사뿐 아니라 업스트림 석유, 가스 파이프라인과 탱크에 대한 제어장치 등으로 연료차단밸브가 많이 쓰이고 있다. 기존의 연료차단밸브의 경우, 성능저하, 현행규제에 대한 불이행, 환경문제 유발 등의 문제점이 있어 더욱 안전하고 효율적이며 친환경적으로 만들어줄 수 있는 솔레노이드밸브 기술이 차단밸브 시장의 판도를 바꾸고 있는 실정이다.

다만, 솔레노이드밸브 기술을 활용하더라도 특수부문 밸브 설계는 어려움이 많다. 따라서 국내업체가 국산화에 성공했다하더라도 저온에서의 동작여부, 압력범위, 전력소모, POC(Proof of Closure), 규제준수 등에 따라 선택이 될 수도 안될 수도 있는 것이다. 우선 밸브가 저온에서 견고하게 작동되기 위해서는 까다로운 설계과정이 필요하고 이 후 엄격한 규제승인까지 받아야 한다. 또한 압력이 최소 압력차 이하로 떨어지면 파이프나 탱크로의 열을 차단함으로써 공급압력이 낮아져 불필요한 차단을 야기하거나 작동을 하지 못하는 결과는 만들어 내기 때문에 압력범위도 중요하다.

전력소모에 있어서도 기존 솔레노이드밸브가 2W이상 전력을 지속적으로 소모하면서 문제를 만들어내고 있기 때문에 전력소모를 최소화하는 기술을 갖는 것도 필요하다. 마지막으로 북미 등 각국 정부는 규정을 강화하여 버너관리장비에 대해, 보다 까다로운 제3자 검증을 요구하고 있다.

솔레노이드 밸브 시장은 EATON(Vickers), Bosch, YUKEN 등이 독과점 체제를 유지하고 있으나, 중국 등의 제품이 가격 경쟁력뿐 아니라 품질 경쟁력을 향상시키면서 중저가 제품시장을 확대하고 있는 실정이다. 그래도 자동차 변속용 유압 솔레노이드 밸브의 경우에는 중국이 아직 따라오지 못한 기술력을 요하기 때문에 일본의 경우에도 이쪽 수요가 증가하고 있는 실정이다.

국내의 경우에는 솔레노이드 밸브의 경우, 고부가가치이기 때문에 미국, 독일, 일본, 이탈리아, 프랑스 제품이 시장의 80% 이상을 차지하고 있다. 현재 국내 업체는 유니크, TPC, 신영제어기, 화성유공압엔지니어링 등을 중심으로 시장이 형성되어있다. 이 중 유니크의 경우, 현대차 그룹 내 시장점유율 75%이며, 유압솔레노이드 밸브가 전체 매출의 60% 이상을 차지하기 때문에 눈여겨볼 필요가 있다.

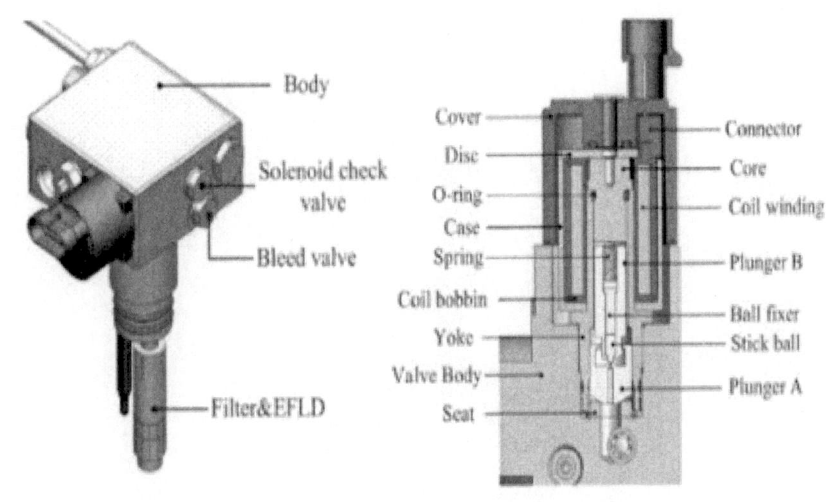

[그림 39] 수소용기용 솔레노이드 밸브

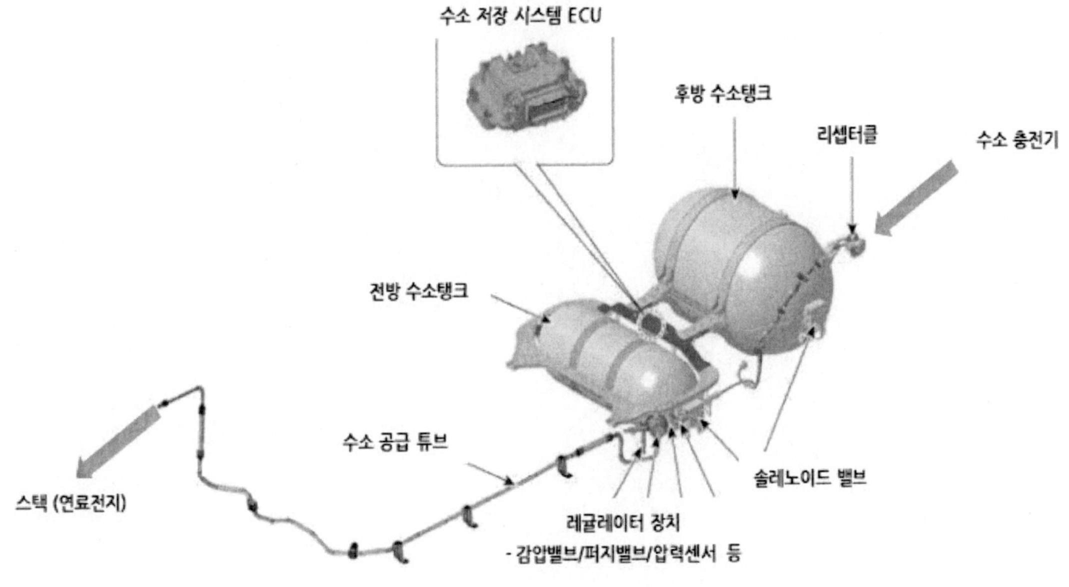

[그림 40] 수소 공급 장치 - 차량 탑재 버전

다. 수소순환장치

 스택에 공급되는 수소는 스택에서 100%의 화학반응을 일으키지 못하기 때문에 전지반응에
필요한 수소의 양보다 더 많은 양의 수소를 공급하게 된다. 그에 따라 스택에서 전지반응에
사용되고 남은 수소는 시스템의 효율을 높이기 위하여 스택으로 재순환 공급하기 위해 수소
(연료)순환 장치를 구성한다.

 수소(연료)순환 장치에는 블로어가 설치되어 재순환되는 수소가스가 스택으로 용이하게 순환
되도록 한다. 즉, 전기화학반응에 이용되지 않은 수소는 재순환 블로워에 의해 다시 연료극
입구측으로 재공급되어 연료극을 순환하게 된다. 이 때 공기극에서 생성된 물 및 전기화학반
응에 참여하지 않는 질소가 전해질 막을 통해 연료극으로 이동하게 된다. 이렇게 연료극으로
이동된 질소 및 물 등의 불순물을 연료극 외부로 배출시키기 위하여 주기적으로 수소퍼지 밸
브를 개방한다. 그러면서 연료극 내의 질소를 배출시키고 연료극을 순환하는 응축수를 워터트
랩에 모으고 일정량에 도달하게 되면 수위센서가 이를 감지하여 드레인 밸브[26]를 통해 공기
극의 가습기 측에 응축수를 배출한다.

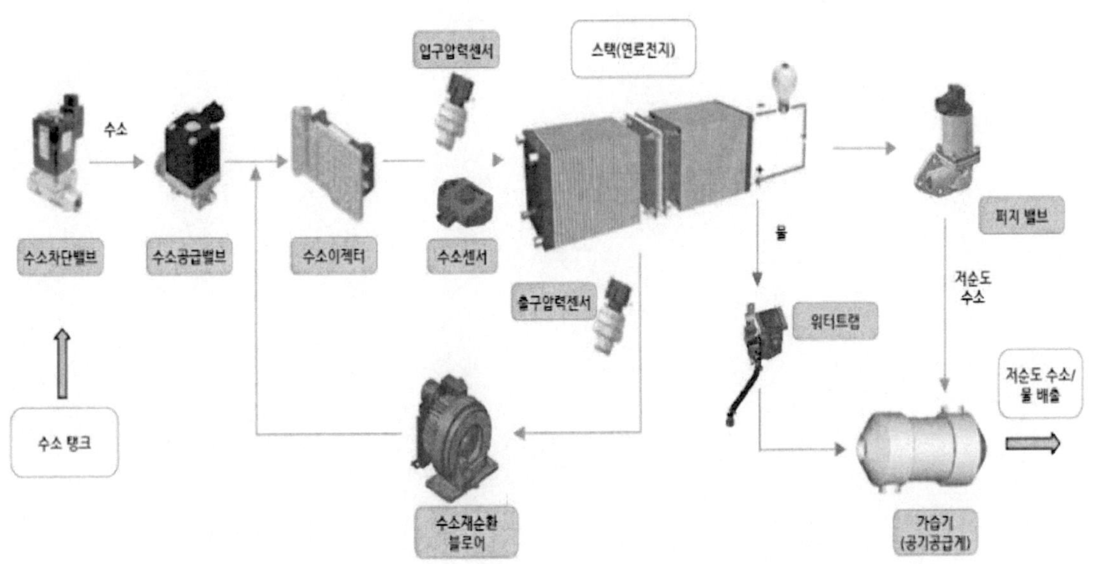

[그림 41] 수소(연료)순환장치

 우선, 구성요소 중 압력센서는 연료전지 차량 수소 공급 라인의 압력을 모니터링하는 기능을
하는 것으로 시스템 운전 조건 제어 안정성을 확보할 수 있다. 압력센서는 20bar 범위의 중
압용, 1bar 범위의 저압용으로 적용되고 있으며, 각각의 레귤레이터와 수소공급장치에 적용되
고 있다. 냉각수 온도압력센서는 연료전지 차량 열, 물 관리 시스템 내부의 냉각수 온도와 압
력을 측정하는 기능을 한다. 냉각수 온도 압력 센서의 신호를 통해 냉각수 펌프운전 제어가
가능하다.

---

26) 일종의 압력 밸브

또한 온도와 압력센서는 하나의 패키지에 일체화하여 원가 및 중량 저감이 가능한 장점이 있다. 레벨센터는 스택 수소극 물 배출 시스템에서 워터트랩(차량에서 발생되는 응축수를 모으는 장치) 응축수의 수위 레벨을 측정하는 센서이다. 특히, 비접촉식[27]의 정전 용량형[28] 방식을 채택하여 정확하고 내구성이 높은 것이 장점이다.

온도 센서쪽은 스위스의 Sensirion, TI, ST마이크로, 실리콘랩스 등의 업체가 대표적이며, 압력 센서쪽은 Omron, ST마이크로, 보쉬 센서텍 등이 대표적이다. 특히, 보쉬의 경우에는 온도/습도/압력 복합센서를 소형화, 저전력화, 고성능화 시켜 첨단 복합센서를 구현하였다.

국내의 경우, 국산화에 성공하여 세종공업 같은 경우에는 수소센서, 수소압력센서를 모두 생산 가능한 상황이다. 그리고 해외 제품보다 가격이 1/4 정도 낮기 때문에 가격 경쟁력도 있다. 2021년 3분기 보고서에 따르면 세종공업의 매출 가운데 80% 이상이 현대차그룹으로부터 나온다. 구체적으로 현대차(44.9%), 기아(17.6%), 현대모비스(17.9%) 등이다. 현대차그룹 계열사 중에서도 현대차 비중이 압도적이다.[29] 현대차 기준으로 수소센서는 넥쏘 차량 3곳에 장착되고 수소압력센서는 2개가 들어가는데 이 두가지 센서를 모두 생산 가능한 업체는 세종공업이 유일하다.

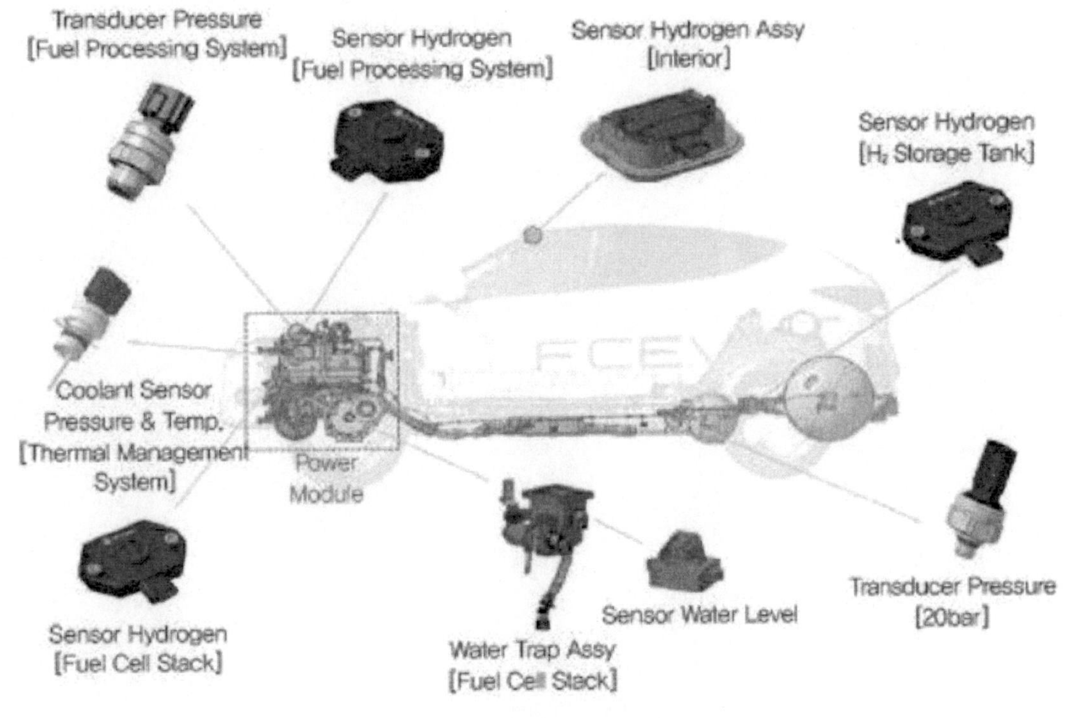

[그림 42] 수소연료전지차용 센서류

---

27) 멀리 떨어져 있는 센서가 측온 대상으로부터 방사(radiation)되는 열(적외선)을 검출하여 온도를 측정하는 방식
28) 서로 마주보고 있는 전극판 간격을 외부로부터의 응력에 의하여 변화되어 전극간의 정전용량이 변화하는 것을 감지하여 압력 측정하는 방식
29) thebell '현대차 깐부 세종공업, 알짜배기 분리판사업 진출'

워터트랩은 응축수 배출을 제어하는 역할을 하는 장치이다. 연료전지 스택의 반응에 있어서 공기의 습도가 매우 중요한데 습도 유지를 위해서 가습기를 이용하여 공기 입구측에서 수분을 공급한다. 수분을 공급받은 공기는 스택 내의 유로를 따라 이동하여 수소와 반응한 다음 물을 생성시킨다. 반응에 의해 생성된 물은 산소와 수소의 흐름을 방해하므로 스택으로부터 제거가 필요하며, 이에 스택에서 생성된 물을 워터트랩에 모아 배출하도록 되어있다. 워터트랩에 저장된 응축수의 적절한 배출을 위해서는 레벨센서가 가장 중요한 역할을 한다.

 그러나 한가지 레벨센서의 신호에만 의존해서 제어하게 되면 냉간 시동 시 스택과 워터트랩 간의 온도차로 인해 수위센서에 습기가 형성되면 수위센서가 물이 찬 것으로 오작동하는 경우가 발생한다. 또한 센서의 와이어 단선이나 센서 고장으로 배출밸브가 오작동하여 수소가 배출될 수도 있다. 따라서 센서 2개 정도를 다른 높이에 설치하고 각 센서별 알고리즘을 다르게 해서 서로 보완해줄 수 있도록 하는 추세이다. 결국 워터트랩의 핵심은 레벨센서이다.

 워터트랩(플라스틱 재질 사용)은 레벨센서와 함께 조립되어 납품되기 때문에 레벨센서하는 업체가 워터트랩을 같이 하는 경우가 많다. 그래도 압력이나 온도센서쪽은 국내 기술력이 낮지 않지만, 레벨센서의 경우, 세종공업이 국산화에 성공했음에도 기술력은 아직 미흡하다.

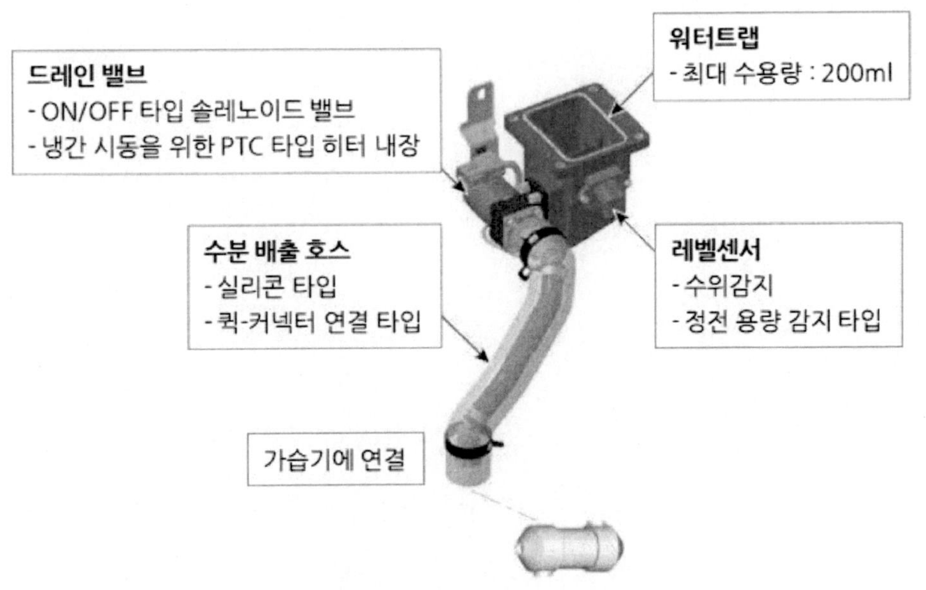

[그림 43] 수분 배출 원리: 워터트랩의 핵심은 레벨센서

 수소차단이나 공급 밸브는 수소공급장치로 보아야 하기 때문에 수소순환장치에서는 그 나머지 장치들을 기준으로 보면 된다. 수소순환장치에서는 이젝터[30], 블로어, 퍼지밸브[31] 등은 산업용으로 흔히 사용되는 장치들로 보면 되기 때문에 결국 핵심은 센서가 된다.

30) 이젝터는 고압의 수소를 노즐을 이용하여 분사시켜서, 재순환가스와 혼합되는 부분인 챔버의 압력을 크게 낮춤으로써, 스택의 잉여 수소가 재순환가스로서 챔버에 유입되도록 하고, 노즐을 통한 순수 수소와 함께 혼합되어 다시 스택의 입구로 공급
31) 기본적으로 모든 가스 환원 장치나 가스 발산 억제 장치로 사용. 내연기관차에도 사용되고 있음. 수소차에서도 같은 원리로 질소 및 물 등의 불순물을 연료극 외부로 배출시키기 위하여 사용

　그리고 상황에 따라 블로어는 이젝터로 대체되기도 하기 때문에 아직 정해진 부품이라고 보기도 힘들다. 다만, 이젝터만 설치할 경우, 이젝터의 물리적 특성으로 인하여 수소와 재순환 가스를 균등한 비율로 공급하기 어렵다. 따라서 이젝터 여러 개를 위치를 다르게 하여 설치하거나 블로어를 사용하기도 한다. 다만, 블로어를 설치할 경우 모터 같은 추가적인 동력 시스템이 필요하여 이젝터로 대체하기도 하는 것이다. 이젝터는 현대모비스와 세종공업에서 만들고 있으나, 주로 현대모비스에서 생산, 납품하고 있다고 보면 된다.

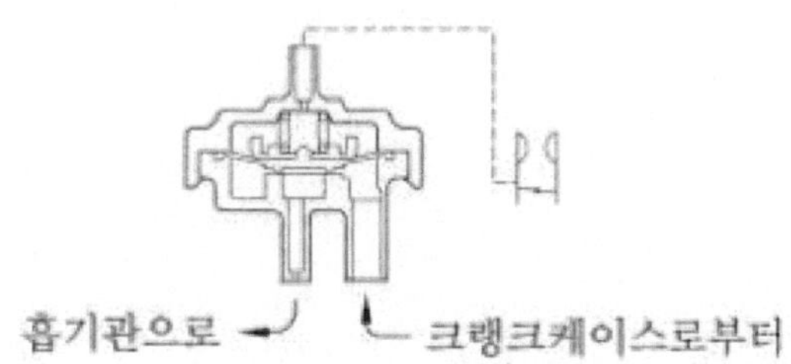

(a) 퍼지밸브 기본 구조

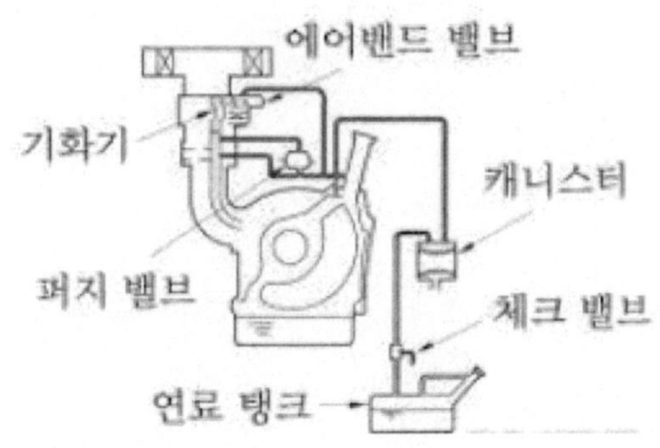

(b) 로터리식 연료 증발 가스 발산 억제 장치

[그림 44] 퍼지밸브 구조 및 설치 위치

라. 연료전지 스택
1) 연료전지

스택을 설명하려면 결국 연료전지 기본원리에 대해 다시 설명할 필요가 있다. 스택은 연료전지를 적층시킨 것을 의미하기 때문이다. 수소에너지 자체의 개념은 수소와 산소인데 이 두 원소가 결합하면서 H_2O가 되는 반응이다. 이를 기본으로 연료전지라는 것은 수소를 주입하고 산소가 들어오게 되면 수소를 H+라는 이온으로 만들고 전자(e-)를 분리해서 음극으로 보낸다. 그리고 수소이온(H+)을 전해액막을 통해 흘려보내면 산소를 만나기 때문에 전체적으로는 H_2O가 O_2를 만나면서 전기를 발생시키는 구조라고 보면된다. 이러한 연료전지는 하나의 단위전지가 여러 개 겹쳐진 적층구조를 이루고 있다. 전류는 단위전지 면적에 따라 전압을 저장하고 단위전지 개수에 따라 조절되기 때문에 수소연료전지는 전력을 자유자재로 결정할 수 있게 된다.

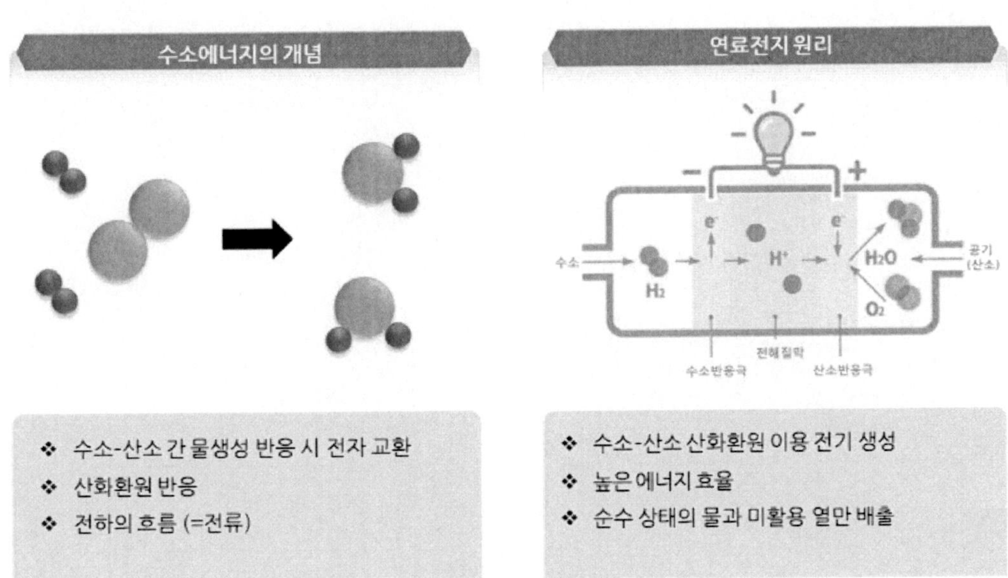

[그림 45] 수소연료전지 시스템의 구성

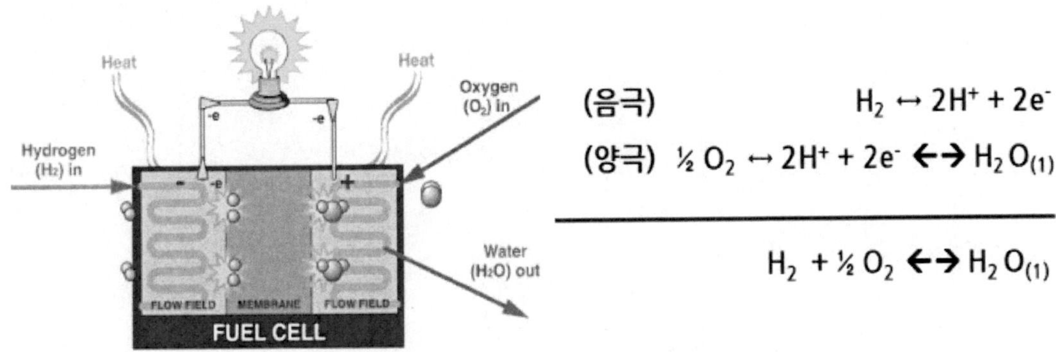

$$(음극) \quad H_2 \leftrightarrow 2H^+ + 2e^-$$
$$(양극) \quad \tfrac{1}{2} O_2 \leftrightarrow 2H^+ + 2e^- \longleftrightarrow H_2O_{(1)}$$
$$H_2 + \tfrac{1}{2} O_2 \longleftrightarrow H_2O_{(1)}$$

[그림 46] 수소연료전지 원리

연료전지 기술은 전해질 종류에 따라 고분자전해질 연료전지(Polymer Electrolyte Membrane Fuel Cell, PEMFC), 직 접 메 탄 올 연 료 전 지 (Direct Methanol Fuel Cell, DMFC), 인산형 연료전지(Phosphoric Acid Fuel Cell, PAFC), 응용탄산염 연료전지(Molten Carbonate Fuel Cell, MCFC), 고체산화물 연료전지(Solid Oxide Fuel Cell, SOFC) 등으로 다양하다.

우선 PEMFC는 재료선택 및 셀 제작과 운전이 용이하다는 장점이 있으나, 수소의 불순물 (CO)제거가 어려우며 백금 촉매 함량이 높다는 단점이 있다. 이러한 점을 보완하기 위하여 저가 촉매 개발, 전해질의 국산화, 고성능 저가 MEA(막-전극 접합체) 제조기술, 저가 분리판 양산기술 개발 등이 필요하다. MCFC와 SOFC는 고가의 촉매가 불필요하며 폐열 이용이 가능하고 일산화탄소(CO) 함유율에 대한 영향이 없다는 장점이 있다. 높은 열효율과 전기효율을 갖고 있어 주로 대형 발전용으로 사용되고 있으며, 소재의 국산화뿐 아니라 내구성 강화 기술 개발의 필요성이 높은 특징을 보인다. SOFC의 경우 가스 누출을 방지할 수 있는 세라믹 재료 기술 개발이 중요하며, 제조원가 저감 및 신뢰성 확보를 통해 차세대 에너지 기술로 부각받고 있다.

구분	인산형 (PAFC)	용융탄산염형 (MCFC)	고체산화물형 (SOFC)	고분자전해질형 (PEMFC)	직접메탄올형 (DMFC)
연료	LNG, LPG, 메탄올, 석탄가스	LNG, LPG, 메탄올, 석탄가스	LNG, LPG, 메탄올, 석탄가스	수소	메탄올
전해질	인산염	탄산염	세라믹	이온교환막	이온교환막
동작온도	220℃ 이하	650℃ 이하	1,000℃ 이하	50℃ ~ 80℃	20℃ ~ 70℃
효율(%)	70	80	85	75	40
용도	분산형 발전 (200kW)	대형 및 분산형 발전 (100kW~MW)	발전용 (1kW~MW)	가정,상업용 (1~10kW) 수송용, 휴대용	휴대용, 수송용 (1kW 이하)
특징	·내구성 큼 ·열병합대응	·발전효율높음 ·내부개질가능 ·열병합대응	·발전효율높음 ·내부개질가능 ·복합발전가능	·저온작동 ·고출력밀도	·저온작동 ·고출력밀도

[표 12] 연료전지 기술별 특징

일차전지, 이차전지 등과 같은 기존의 전지는 에너지 저장 장치로서, 저장한 화학물질을 소모하면서 전기를 공급하는 원리지만, 연료전지는 화학물질의 저장이 아닌 수소와 산소를 외부에서 공급받아 전기를 발생시키는 발전장치이다. 현재 연료전지는 화석연료를 직접 개질하여 사용하거나 개질한 수소를 이용하는 형태이지만, 향후에는 태양광, 풍력 등과 같은 신재생에너지와의 하이브리드(Hybrid) 또는 Power-to-Gas 컨셉으로 물분해를 통하여 생산되는 수소를 이용하는 방식으로 개발될 전망이다.

기본적으로 연료전지는 연료극, 전해질층, 공기극이 접합되어 있는 셀(Cell)과 다수의 셀을 적층한 스택(Stack)으로 이루어진 전기 생산기기와 전기적, 기계적 주변기기(Balance of Plant, BOP)로 이루어져 있다. BOP는 시스템제어, 전력변환기 등 전기적 주변기기(Electrical BOP)와 연료 및 공기 공급, 열회수 및 열교환기, 수처리 시스템 등 내구성 향상과 운전 최적화를 위한 기계적 주변기기(Mechanical BOP)로 분류된다. 연료전지에서 생산되는 전류는 반응 면적에 비례하며 전압은 셀 적층 개수에 따라 자유롭게 조절이 가능하기에 다양한 분야에 사용될 수 있으며, 구체적인 용도에 따라 휴대형(Portable), 고정형(Stationary), 수송형(Transport)으로 구분할 수가 있다.

구분	휴대형(Portable)	고정형(Stationary)	수송형(Transport)
정의	이동이 용이한 연료전지로 보조 전력 공급 장치 (Auxiliary Power Units, APU) 포함	전기와 열을 공급하는 연료 전지로써 이동은 불가능	추진력과 주행거리 개선에 필요한 기능을 제공
출력 범위	5W to 20kW	0.5kW to 400kW	1kW to 100kW
적용 기술	PEMFC, DMFC	MFCF, PAFC, PEMFC, SOFC	PEMFC, DMFC
적용 사례	•이동 수단 외(레저용 차량 및 보트 등)의 보조 전원(Auxiliary Power Unit, APU) •휴대용 전자기기 (휴대폰, 노트북 등) •군사용	•대형/분산발전용 •가정/건물용 •백업전원 (Uninterruptible power supplies, UPS)	•개인 상용차 •대중교통 (버스, 트램 등) •물류운반 (지게차, 트럭 등) •선박용

[표 13] 연료전지 응용 분야별 특징

가) 연료전지 기술별 특징[32)]
(1) 인산형(Phosphoric Acid Fuel Cell; PAFC) 연료전지

인산형 연료전지(PAFC)는 전해질로 인산(H_2PO_4)을 활용하며, 약 200℃내외에서 운전한다. 인산형 연료전지라는 이름처럼 단전지(Unit Cell)가 인산용액을 포함한 전해질을 양극과 음극이 감싸고 있는 형태로 구성되어 있다. 연료전지 개발 초기부터 PAFC 타입이 주로 연구됨에 따라 현재 상용화가 가장 활발하게 이루어진 제품이다.

우리나라에서는 두산퓨얼셀의 발전용 연료전지로 PAFC 가 채택되어 사용되는 중이다. 천연가스등을 개질한 개질가스를 주 원료로 사용하는데, 일산화탄소의 함유량이 높으면 발전 효율이 떨어지는 단점이 있어 일산화탄소 함유량이 1% 이하인 수소가스를 활용한다. 때문에 개질능력이 우수해야 한다는 단점이 있는데, 일산화탄소 함유량이 높은 일반 천연가스를 활용하더라도 발전 효율 및 성능 유지를 위해 다양한 촉매 개발이 이뤄지고 있다.

반면 PAFC 는 On-Site 용(수소의 외부조달이 아닌 자체 생산을 통해 가동하는 방식)기준 4만 시간 이상의 가동시간을 충족시킨, 안정성이 충분히 검증된 형태의 연료전지이다. 현재 국내 연료전지 발전소에 가장 많이 적용된 타입이기도 하다. 안정성과 더불어 200℃ 내외에서 작동함에 따라 배열 회수를 통한 종합 효율을 높일 수 있다는 장점도 있다.

각 셀마다 냉각판을 설치하여 열을 회수하게 되고, 이는 급탕 또는 냉난방에 활용가능하다. 따라서 PAFC 는 현재 화석연료를 활용한 열병합발전소의 대체재로 자리매김하기에 가장 적합하다는 판단이다.

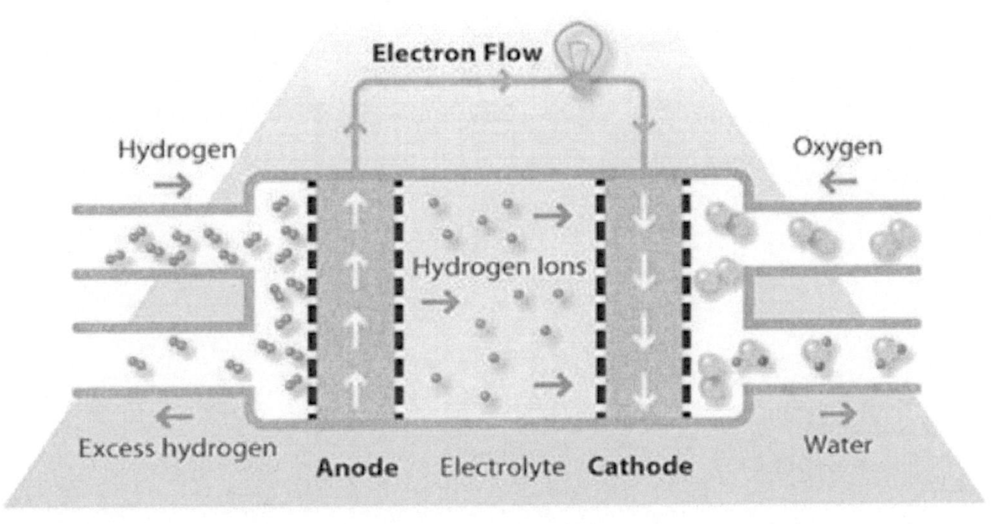

[그림 47] PAFC 작동원리

---

32) 2020 수소사회 Part1. 연료전지가 온다, SK중소성장기업분석팀, 2020.02.08

(2) 고체산화물형(Solid Oxide Fuel Cell; SOFC) 연료전지

고체산화물형 연료전지(SOFC)는 가장 높은 온도에서 작동하는 연료전지다. 전해질로 지르코니아계 물질을 사용하며, 세라믹이 대표적이다. 일반적인 연료전지의 전해질이 액체 상태로 존재하는 것과 달리 SOFC 는 이름에서 알 수 있듯 전해질 물질이 고체로 되어 있다. 전해질이 고체이지만 작동온도가 약 1,000℃로 높기 때문에 이온의 이동은 자유롭게 이뤄진다. 높은 작동온도로 인하여 전지 구성재료들의 내구성에 대한 검증이 충분히 진행되지 않았다는 단점이 있지만 SOFC 만의 다양한 장점을 가진 차세대 연료 전지로 각광받는 중이다.

우선 작동온도가 높기 때문에 별도의 개질 없이 내부 개질이 가능하다. 즉 일산화탄소 함유량이 높은 천연가스를 직접 사용하더라도 무리가 없다. 전해질이 고체이기 때문에 전해질의 손실이 쉽게 발생하지 않아 발전 효율도 높다.

현재 우리나라에서 SOFC 관련 사업을 영위하는 대표 기업으로는 'SK 건설(+미국 Bloom Energy)'과 '미코', 'STX중공업' 등이 있다. 기본 셀 크기가 작기 때문에 소형/이동형 전원 또는 대규모 발전용 전원으로도 유용하며, 원통형 등으로 스택 형태 변형이 가능하다는 점에서 향후 활용가 치는 계속 부각될 것으로 판단한다.

재료	장점	단점	단점에 대한 대책
고온가동	높은 효율	열응력, 가동시간	원통형의 이용
전체 고체	긴 수명, 전해질 관리/물 관리 불필요	체적변화	일체화형 평판, Anode 지지
전기화학 셀	NOx/Sox 방출이 적음	제조비용 비쌈	고성능화
멤브레인 반응기	CO2분리제거, 수소 분리 용이	100% 연료이용률은 무리	남은 연료의 유효이용
시스템 구성	가스 터빈과의 하이브리드화, 열병합발전		열병합발전, 소형업무용, 가정용

[표 14] SOFC의 장/단점 및 대안

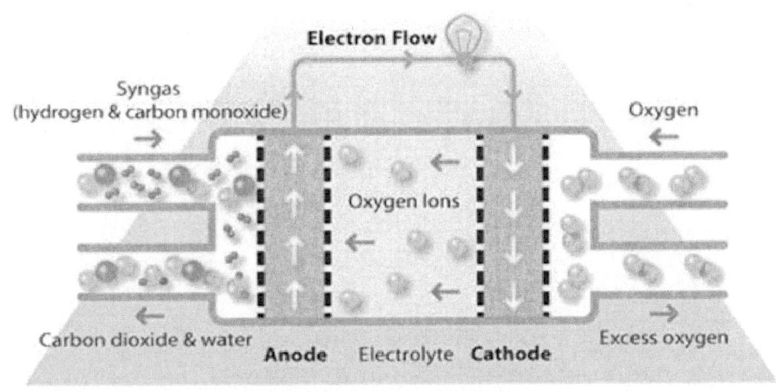

[그림 48] SOFC 작동원리

(3) 고체고분자형(Proton Exchange Membrane Fuel Cell; PEMFC) 연료전지

고체고분자형 연료전지(PEMFC)는 수소이온의 전도성이 높은 불소수지계 고분자막을 전해질로 이용하는 연료전지다. SPEFC 또는 PEFC 라고도 불린다. 비교적 작동온도가 낮고, 발전효율이 높으며, 소형 경량화가 가능하다는 특징 때문에 가정용/건물용 또는 이동용/수송용으로 많이 사용된다. 현재 수소연료전지차에도 적용되는 연료전지가 바 로 PEMFC 타입이다.

내열성이 낮은 고체고분자를 전해질로 활용하기 때문에 낮은 온도에서 작동해야 하지만, 이온이 이동하는 과정에서 물 분자와 함께 이동하기 때문에 습도 관리가 매우 중요하다. 따라서 다른 타입의 연료전지들과는 달리 적당량의 습도를 유지시킬 수 있는 가습력이 스택의 성능을 좌우한다. 마찬가지로 PEMFC 타입의 연료전지를 사용하는 수소연료전지차 역시 수소와 산소의 원활한 결합을 위해서는 습도를 유지하기 위한 장치 또는 소재의 활용이 필수다. 현재 PEMFC 관련 사업을 영위하는 대표 기업으로는 '에스퓨얼셀'과 '범한산업(비상장)' 등이 있다.

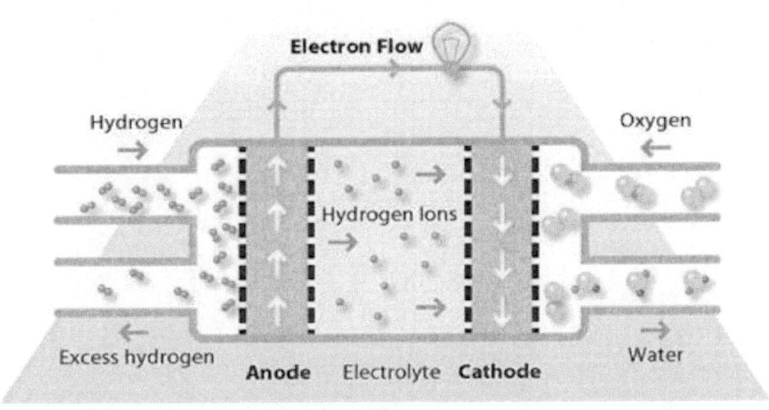

[그림 49] PEMFC 작동원리

2) 연료전지 스택

 수소차 구성요소 중 원가 비중 약40%를 차지하는 연료전지 스택의 구성요소는 막전극접합체
(MEA, Membrane Electrode Assembly), 기체확산층(Gas Diggusion Layer), 분리판
(Bipolar Plate), 가스켓(Gasket) 체결기구, 인클로저 등이 있다. 수소자동차도 기본적으로 전
기차이기 때문에 전기모터가 엔진 대신 사용되는데 이를 구동하는데 필요한 전기에너지를 확
보하기 위해서는 다수의 셀을 직렬로 연결하여야 하며 이를 스택이라고 한다.

 한 개의 셀이 생산하는 전기는 약0.7V수준이며 1Kw의 전기 생산을 위해서는 50여 개의 셀
이 필요하다. 수소연료전지 셀은 프로톤 전도성의 고체고분자 전해질막 양면에 한 쌍의 백금
촉매전극을 설치하고 수소가스를 연료가스로 한쪽의 전극에 공급, 산소가스 또는 공기를 산화
제로 다른 전극에 공급하여 전기전력을 얻는 장치이다.

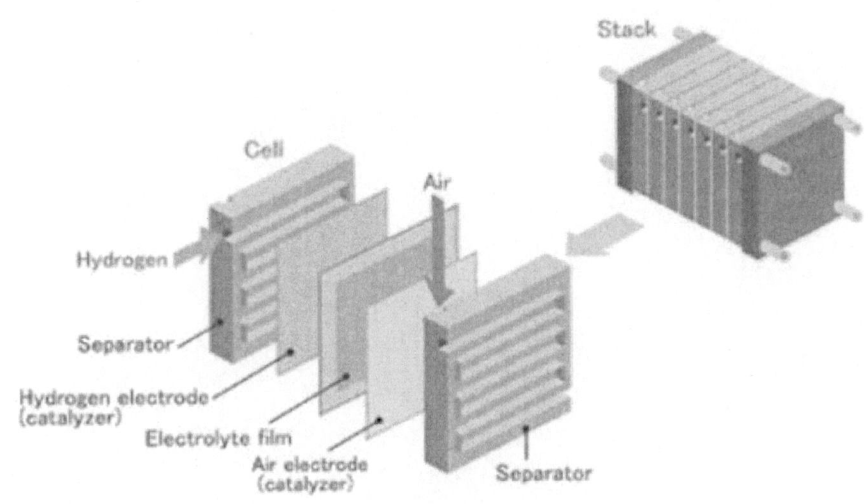

[그림 50] 스택구조

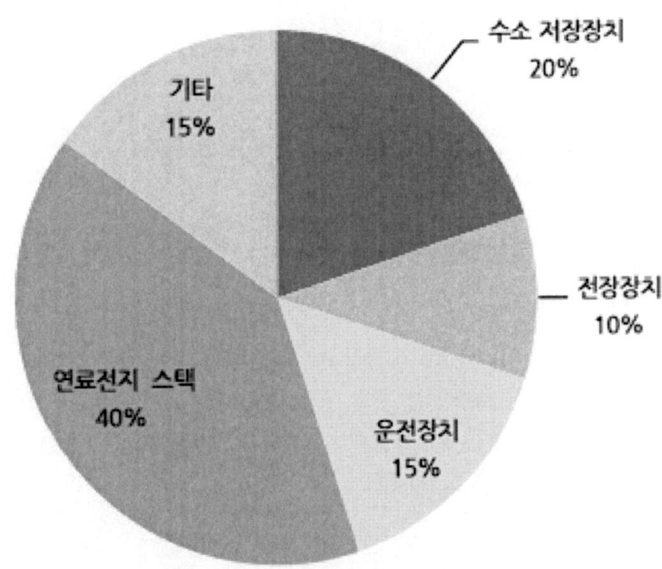

[그림 51] 수소자동차 원가구성

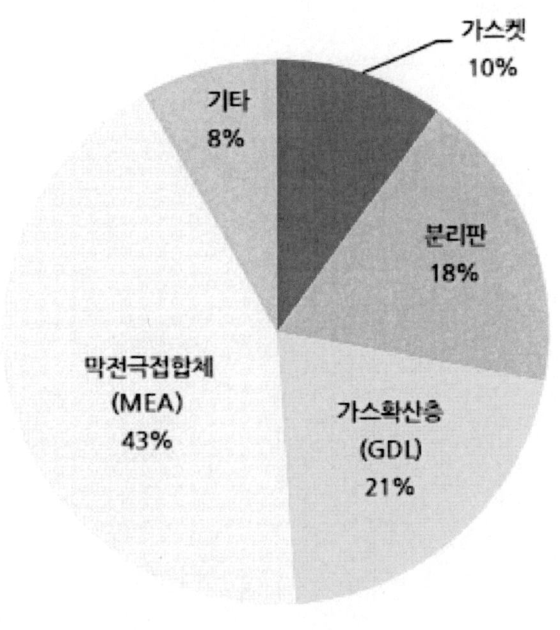

[그림 52] 연료전지 스택 원가구성

가) 막전극집합체(MEA)

수소연료전지 원가의 약 43%의 비중을 차지하는 막전극집합체(MEA)는 연료극과 공기극 사이에 위치하는 전해질 막(Membrane)이 접합되어 있는 구조이다. 막전극집합체(MEA)는 수소의 전기화학적 반응을 통해 전기에너지를 생산하는 역할을 한다. 따라서 효율적인 MEA 제조는 연료전지의 성능 향상을 위해 매우 중요하다.

연료극과 공기극에는 백금 촉매가 사용된다. 백금촉매가 쓰이는 이유는 기본적으로 연료극으로 H-H, 즉, H2가 들어오게 되면 H+라는 이온으로 만들어야 하는데 그러려면 H-H 결합이 깨져야 한다. 이 때, 백금촉매를 쓰게 되면 H-H가 PT(백금)와 결합하면서 H-PT(백금) 결합이 된다. 즉, 각 H가 PT와 결합하는 구조가 된다는 것이다. 그런데H-H 결합을 깨는 것보다 H-PT(백금) 결합을 깨는 것이 훨씬 쉽다. 그래서 H+ 이온으로 만드는 반응을 할 때 더 에너지가 적게 들게 하기 위해서 H를 PT에 붙였다가 떼어내는 것이다.

이러한 기본 성질을 바탕으로 결국 반응면적을 늘리는 것이 중요한데 면적을 늘리려면 면보다는 면 위에 원소가 떨어져 있는 것이 표면적이 훨씬 크다. 즉, 하나의 백금 particle(입자)이 작아지면 작아질수록, 그리고 입자들을 판으로 깔아놓지 않고 최대한 분산시켜 놓아야 표면적이 넓어지는 것이다. 이 때 백금을 분산시키기 위한 기본 판에 카본이 들어간다. 즉, 카본이 기본 판이 되고 백금을 그 위에 작은 나노사이즈 입자 형태로 최대한 분산 시키는 기술이다. 그래서 이것만 연구하는 분야가 있는 것이고 그 것이 백금 촉매쪽 기술력이라고 보면 된다.

그렇다면 전해질 막(Membrane)은 무엇인가? 쉽게 말해서 원하는 이온만 통과하게 하는 장치이다. 사실 연료전지쪽만 보면 전해질 막(Membrane)은 수소이온만을 선택적으로 통과시키는 이온전도막이다. 다만, 그 외에 BOP라는 주변 운전장치 중 핵심 부품인 수분제어장치(막가습기)에도 멤브레인 기술이 사용되고 있다.

연료전지 전해질 막(Membrane)은 주기능인 수소이온 전달 이외에 기체 상태의 산소, 수소를 차단하며 전자의 직접 전달을 방지하기 위한 절연체 역할도 한다. 따라서 이온전도막은 수소 이온 전도성이 높은 대신, 전자 전도성은 낮아야하고 반응기체의 이동이 적어야 한다. 한마디로 수소의 이온 상태를 제외한 다른 모든 것을 차단하는 소재를 사용해야 한다는 것이다.

실험단계까지 많이 나온 것은 나피온이라는 불소계 고분자로 듀폰사(미국)에서 독점 생산하고 있던 것이었다. 이 후 Gore(비상장), Johnson Matthey (JMAT:LN), 3M(MMM: US) 등에서 상용 가능한 Membrane을 만들어 공급하고 있는 실정이다.

나피온은 일종의 불소계 화합물이다. 불소계 화합물에 대해 간단히 설명하자면, 다음과 같다. 물은 모든 물질 중에서 가장 극성이 높다. 이유는 산소가 전자를 많이 끌어들이고 수소는 전자를 끌어들이지 않기 때문에 수소 쪽은 +가 되고 산소쪽은 -가 되기 때문이다. 반대로 탄소와 수소가 결합하면 극성이 매우 낮다. 그런데 불소계 화합물은 극성이 높은 물하고도 섞이지 않고 극성이 낮은 탄화수소하고도 섞이지 않는 성질을 가지고 있다. 이러한 기본적 성질을 바탕으로 물과 친한 친수성 높은 원소들을 많이 붙여 놓았다.

그렇다보니 친수성 높은 원소들만 모여 있는 곳에 미세구멍(cluster)이 형성되는 것이다. 그래서 이 곳을 통해서만 수소이온이 통과할 수 있는 것이다. 이처럼 우수한 전기화학 특성에도 불구하고, 1) 복잡한 제조공정으로 막의 가격이 매우 비싸며($800/m2), 2) 불소알킬구조[33]로 인한 낮은 유리전이온도[34]가 단점으로 지적되고 있다.

---

33) 불소는 플루오린이라는 강력한 원소로 알킬 구조는 분자내 탄소와 수소로 이루어진 부분을 의미

특히 나피온의 비싼 가격은 연료전지 생산단가를 높이는 주요 요인이 된다. 미국 에너지부 (DOE) 자료에 따르면 전체 연료전지 스택의 구성 성분 중 약 22%의 비용을 전해질 막 (Membrane)이 차지하고 있다. 이에 단가를 좀 낮추면서 비슷한 특성을 지닌 전해질 막 (Membrane)에 대한 연구가 계속되고 있으며 이에 대한 대안으로 등장한 것이 탄화수소계 고분자 전해질막이다.

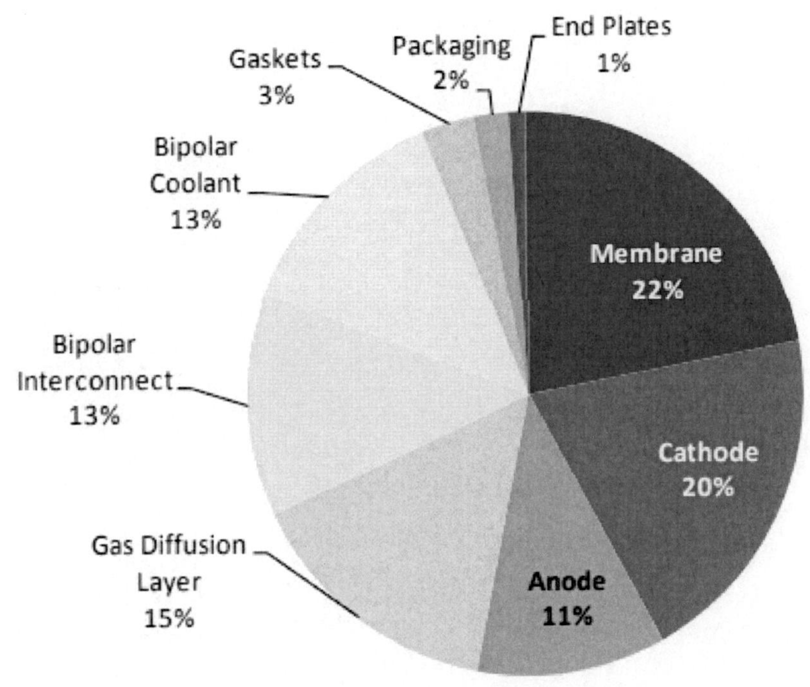

[그림 53] 연료전지 스택 Cost 비율

탄화수소계 고분자 전해질막, 그 중에서도 방향족고분자의 개발이 가장 활발하게 진행되고 있다. 방향족고분자는 불소계와 비슷한 성질이 있다. 불소계고분자처럼 물을 밀어내고 탄화수소도 밀어내는데 불소계보다는 탄화수소를 덜 밀어낸다. 그렇지만 불소계고분자와 어느정도 비슷하기 때문에 대안으로 떠오르고 있는 것이다.

장점으로는 탄화수소는 도처에 깔려있기 때문에 1) 저렴한 재료 및 쉬운 합성방법으로 막의 단가를 크게 낮출 수 있다. 또한 2) 높은 유리전이온도를 보유하여 100도 이상에서의 장기운전에서도 높은 치수안정성이 유지된다. 다만, 고온·저습도에서 낮은 이온전도도를 보인다.

탄화수소계 고분자는 탄화수소를 완벽하게 밀어내지 못하기 때문에 일부 반응이 일어나 수소이온만 안정적으로 통과시키지 못할 수도 있다. 이렇게 되면 자동차가 열화가 되어 연료전지를 오래 쓰지 못하게 된다.

---

34) 기본적으로 유리는 결정의 반대를 의미. 한마디로 결정이 없어지고 무질서한 구조를 이루게 된다는 것이 유리전이임. 그래서 유리전이온도보다 높은 온도에서 결정구조가 망가지기 때문에 멤브레인이 부서지게 되는 것. 따라서 유리전이온도는 높을수록 안전성이 높아짐

현재, 새로운 탄화수소 고분자 전해질막의 원천기술은 일본, 미국 및 유럽 등 선진국에서만 보유하고 있다. 한국과 중국은 독창적인 합성기술이 부족하여 기존 선진국의 해외연구 답습에만 치중하였으나, 최근 중국은 많은 발전을 이루어내고 있는 실정이다.

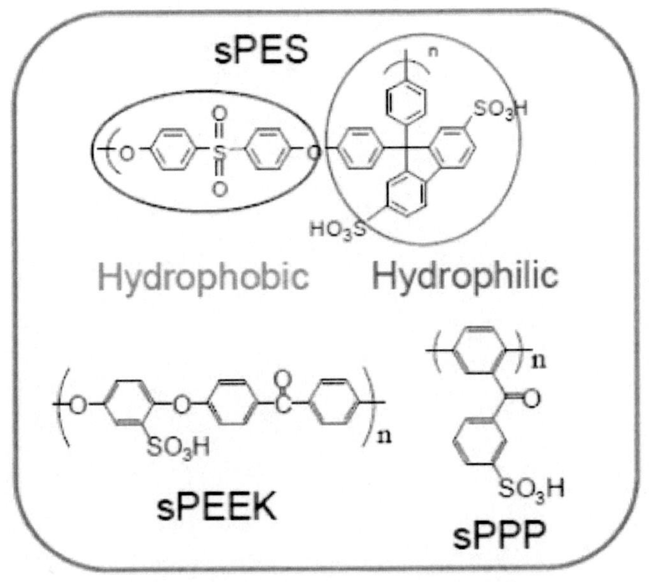

[그림 54] 연료전지용 탄화수소전해질막

막전극집합체(MEA)에서 촉매와 멤브레인은 그 함량에 서로 영향을 준다. 우선, 촉매에서는 백금을 많이 넣을 경우, 단가가 올라가기 때문에 함량을 줄이고 싶어한다. 예를 들어 멤브레인이 수소이온을 잘 통과시켜주면 낮은 전압으로도 작동이 가능해진다. 그러나 잘 통과시켜주지 못하게 된다면 백금을 많이 넣을 수 밖에 없게 된다. 따라서 탄화수소계 전해질막이 사용되어서 멤브레인 가격이 낮아진다고 하더라도 수소이온 통과에 한계가 있게 된다면 백금 촉매 단가가 높아질 수 밖에 없는 것이다. 이에 멤브레인에 대한 기술 개발이 막전극집합체(MEA)의 가장 핵심이라고 할 수 있다.

나) 가스확산층(GDL)

 연료전지는 일반적으로 세퍼레이터, 가스 확산층, 촉매층, 전해질막, 촉매층, 가스 확산층, 세퍼레이터 순서대로 적층하여 구성된다. 가스 확산층은 세퍼레이터로부터 공급되는 가스(수소, 산소)를 촉매로 확산하는 역할을 한다. 이를 위해 높은 가스 확산성, 전기 화학 반응에 수반하여 생성되는 물을 세퍼레이터로 배출하기 위한 높은 배수성, 발생한 전류를 취출[35]하기 위한 높은 도전성이 필요하다. 이를 위해 두께 방향[36]의 가스 확산성과 배수성을 높임으로써 발전 성능을 높게 하고 평면 방향의 투기도[37]를 작게 함으로써 세퍼레이터의 홈 사이에서 가스의 쇼트컷[38]을 억제할 수 있게 한다.

 또한 다공질층 표면의 평활성[39]이 우수한 가스 확산층을 제공하고자 하는 기술이 개발되고 있다. GDL에서 많이 쓰는 탄소섬유는 폴리아크릴로니트릴(PAN)계, 피치계, 레이온계, 기상성장계 등을 들 수 있다. 그 중에서도 기계 강도가 우수한 PAN계, 피치계 탄소섬유가 많이 쓰이고 있다. 사실 GDL도 결국 확산성과 배수성을 높이는 소재 기술이 핵심이다.

 이는 독일과 일본에서 대부분 기술을 보유하고 있으며 국내는 아직 국산화가 되어있지 않은 상황이다. 설사 국산화가 된다고 하더라도 핵심 소재는 수입할 가능성이 크다. 국내에서는 이러한 소재 기반기술이 부족하기 때문이다. GDL쪽에는 앞 서 언급했듯이 고강성 구조로 두께의 박막화[40], 강성을 유지하는 기술로 가고 있으며 이를 통해 가격을 30% 정도 저감하고자 하고 있다. 이에 따라 연료전지 전체로 보면 1% 정도의 가격 저감 효과가 나타나게 된다.

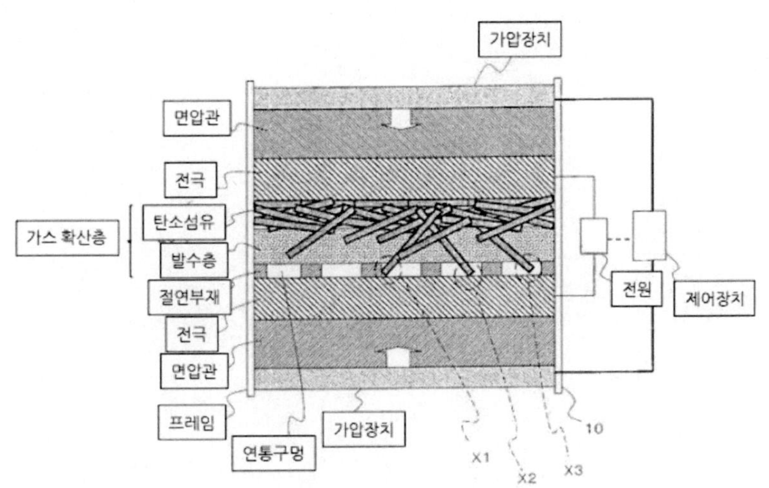

[그림 55] 연료전지 가스확산층(GDL) 제조장치

---

35) 뽑아서 추출해냄. 일종의 디퓨저
36) 도전성 물질은 전기전도도 자체가 두께와 비례함. 따라서 두께 방향으로 저항 측정할 경우 두께가 두꺼워지면 저항이 증가
37) 공기가 투과하는 정도. 투기도가 높을수록 (공기가 통과하는 시간이 길수록) 밀도가 높은 섬유라는 의미
38) 빠른 이동
39) 평탄하고 매끄러운 도막이 생기는 성질. 고저가 많지 않은 것을 평활성이 좋다고 함
40) 실현 불가능한 두께 μm 이하의 엷은막화 시키는 걸 의미

다) 분리판(Separator)

분리판(Separator)은 수량적으로 막전극접합체(MEA)와 함께 많이 사용되는 부품 중 하나이다. 분리판은 각 단위전지 셀(MEA)의 수소극과 인접 셀의 공기극에 전기적으로 접촉하고 있다. 수소와 공기는 분리판 양면에 있는 유로를 통하여 각 전극 내부에 공급된다. 연료전지에서 분리판은 반응가스의 공급/분리뿐 아니라 전기 전도, 반응에서 생성된 물의 배출, 내부 열 관리 등의 주요 역할을 수행한다.

연료전지용 분리판은 그 기능에 따라 몇 가지 중요한 물성이 필요하다.

첫째, 연료전지에서 전극반응으로 생성된 전자가 분리판을 통해서 이동하는 전기적 통로 기능을 수행해야 하기 때문에 전기적 전도성이 있어야 한다.

둘째, 전극반응에 참여하는 반응가스(수소, 산소 또는 공기)를 공급하고 반응으로 생성된 물을 외부로 즉시에 배출하는 통로 역할이다. 외부에서 공급된 반응가스가 전극내부의 촉매까지 도달해야 하므로 반응가스가 균일하게 분포 하도록 분리판 유로가 설계되어야 한다. 또한, 공기극에서 전극반응으로 생성된 물이 유로를 통하여 원활하게 외부로 배출할 수 있는 적절한 소수성 표면41) 특성도 갖추고 있어야 한다.

셋째, 각 셀의 수소극과 공기극에 공급된 반응가스가 혼합되지 않도록 하는 분리 역할을 할 수 있어야한다. 안정성 관점에서 수소극에 공급된 작은 분자의 수소가스는 분리판 기공을 통해 공기극쪽으로 투과되지 말아야 한다. 흑연판이나 탄소복합소재는 어느 정도의 기공을 가지고 있다. 이에 흑연계 분리판에서는 수소가스 투과에 대한 아주 낮은 허용치를 요구한다. 금속의 경우에는 기공이 없어 수소가스 투과는 문제가 되지 않는다. 하지만 얇은 두께(~0.1mm)의 금속 분리판 소재에서 부식이나 다른 예기치 못한 요인으로 결함이 발생할 경우에는 안정성에 문제가 발생 할 수 있다. 따라서 금속 분리판은 고내식성31의 소재로 제작되어야 한다.

넷째, 연료전지에서 전극반응은 발열반응이므로 연속적인 운전에서 내부 온도가 상승한다. 고분자막이 건조되면 전해질막 특성이 저하되므로 분리판 소재는 빠른 열전도 특성을 가져야 한다.

---

41) 소수성 표면이란 유기물 계통 중에서 친수성이 적은 것. 폴리에틸렌계, 실리콘발수제, 테푸론, 실리콘수지, 고무계열 제품 등

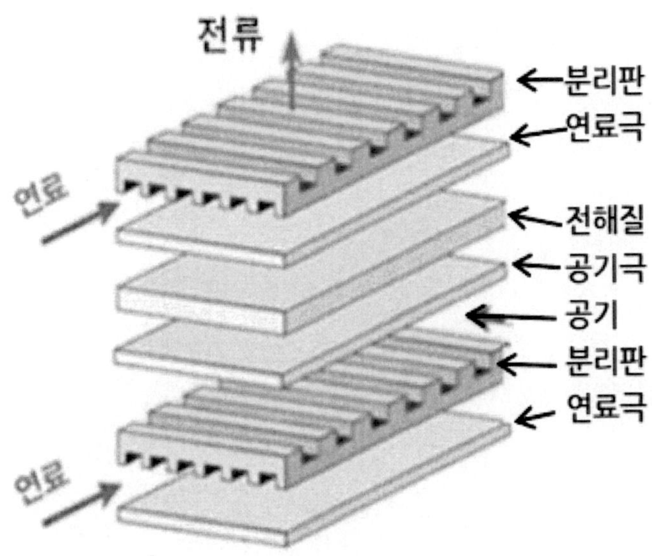

[그림 56] 연료전지 stack 안 분리판 위치

균일한 반응가스 공급 및 원활한 물 배출 역할을 담당하는 분리판의 기본 유로구조는 크게 4가지 유형으로 나눌 수 있다.

첫째, 불연속적인 핀 형태의 돌기가 있는 유로구조이다. 이는 다른 유로에 비하여 물 배출이 용이하지 않고 균일한 가스의 공급 및 배분이 어려운 특징이 있다.

둘째, 가스의 유로가 한 방향으로 평형하게 되어 있는 유로구조이다. 이 또한 핀 구조와 같은 단점이 있다.

셋째, 구불구불한 S형 유로구조가 있다. 전극 전체 면적에 가스의 균일한 공급과 배분을 하기는 쉽지 않지만 물의 배출 기능이 우수하고 가장 많이 사용되고 있는 구조이다.

넷째, 양손을 깍지 낀모양처럼 생긴 유로구조는 유로가 서로 연결되어 있지 않다. 따라서 공급된 가스는 다음 유로에 넘어가기 위해서 전극의 GDL층을 통과해야 하므로 물의 배출이나 가스 공급의 균일한 분포를 얻을 수 있는 장점이 있다. 그러나 유로 입구와 종단에서 아주 큰 압력차를 나타낸다. 이러한 불연속 유로 구조에서 물을 원활히 배출하기 위해서는 공급되는 산화제 가스(공기)의 압력(약 5기압)이 상대적으로 높아야 한다. 이러한 문제점을 해결하기 위하여 미국의 UTC사에서는 거의 상압 하에서도 운전이 가능하도록 깍지형 가스 유로구조 및 냉각유로를 구비한 다공성(2-3μm pore, 30-35% 기공도) 분리판을 사용하여 반대편에 형성된 냉각 유로를 통하여 물이 배출되도록 함으로서 압력차를 해결하는 방법을 제안하기도 하였다.

이러한 분리판 기본 유로구조는 각 형태에 따라 장단점이 있으므로 실제 연료전지의 분리판에서는 기본 유로를 그대로 사용하지 않고 물의 배출과 균일한 반응가스의 공급에 적합하도록 변형된 복합 유로 구조를 사용하는 것이 일반적이다.

최근에는 자연에 있는 구조물에서 유로구조를 본뜬 biomimetic 유로구조를 갖는 분리판도 개발되고 있다. 유로구조는 연료전지 본체인 스택 모듈의 성능에 큰 영향을 미치므로 연료전지 스택 모듈 제조사 마다 스택 구조에 적합한 고유의 유로구조를 분리판에 적용하고 있다.

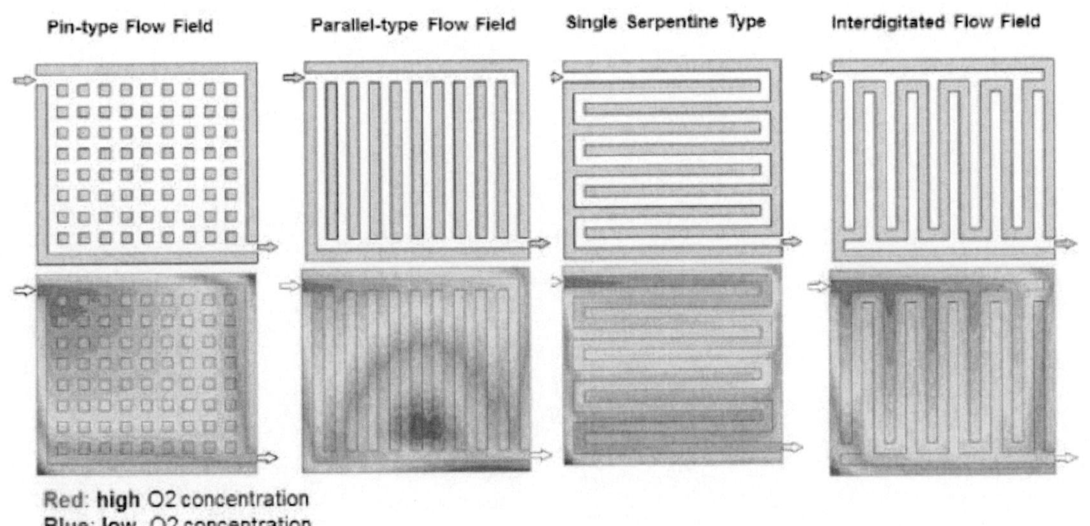

[그림 57] 분리판의 기본 유로구조

분리판의 기술적 흐름은 다음과 같다.

첫째, 분리판 소재의 중량과 부피를 감소시키고 계면접촉저항을 낮출 수 있는 방안에 대한 연구이다. 이에 미국 에너지부(DOE)에서는 수소용 고분자 전해질막 연료전지의 분리판 중량에 대한 개발 목표를 0.4 kg/kW로 설정하고 있다. 연료전지 본체에서 분리판이 차지하는 중량 비율은 60% 이상, 가격은 약20~30%이므로 분리판의 중량이나 부피 감소를 위해서는 경량 소재를 이용하거나 두께를 감소시킬 필요가 있다.

50kW급 스택에서 4mm 두께의 흑연소재 분리판을 사용하는 경우 전체 중량의 80%를 차지하지만, 두께를 1mm로 낮출 경우 스택의 부피는 약 50%, 전체 시스템의 부피는 약 10% 정도 감소시킬 수 있는 것으로 분석되고 있다. 현재 흑연소재 분리판의 경우 두께는 기술적으로 대략 1~1.5mm 정도 수준까지 근접하고 있긴 하지만 기계적 강도가 취약하고, 기공이 있어 상대적으로 큰 수소가스 투기 특성을 보인다.

따라서 일반적으로 흑연소재 분리판은 안정성을 고려하여 통상 2~5mm정도의 두께가 주로 이용되고 있다. 그러나 금속소재 분리판의 경우에는 흑연 소재와 같은 단점이 없기 때문에 0.1mm 두께까지 제조가 가능하다. 연료전지 시스템의 중량 및 부피당 출력밀도만을 고려할 경우 분리판 소재는 경량 박형화가 가능한 금속 소재가 적합하다.

둘째, 연료전지 본체 내부에서 전극반응으로 발생하는 열을 효과적으로 제어하는 기술이다. 스테인리스강과 같은 금속소재의 열전도성은 흑연이나 복합소재보다 상대적으로 낮다. 흑연소재의 경우 60~400W/mK 정도의 열전도성을 가지는 반면에 스테인리스강의 경우 12~44W/mK 범위이다. 흑연 같은 비금속 소재와 달리 금속소재 분리판의 표면에는 연료전지 운전환경에서 비전도성 산화물이 형성된다. 이러한 산화물은 부도체라 전기 전도 통로 역할을 수행하는 분리판의 기능을 저하시킨다.

특히 스테인리스강이나 티타늄(Ti)과 같이 비전도성의 산화물 피막층이 쉽게 형성되는 소재는 계면접촉저항이 급격히 증가한다. 흑연의 계면접촉저항은 10mΩ㎠ 내외로 DOE에서 제시하는 목표 값을 만족하지만, 금속소재의 경우 산화물 피막이 형성되어 높은 계면접촉저항을 나타낸다. 따라서 금속소재를 분리판에 적용할 경우에는 양호한 전기전도성을 확보하기 위해 추가적인 표면처리가 요구되며, 이는 분리판의 제조단가를 높이는 요인이 된다.

셋째, 금속소재 분리판에서 내식성과 전기전도성을 동시에 확보하는 기술이다. 금속소재 표면에 형성되는 산화물 피막은 내식성과 계면접촉저항성에 상반된 영향을 미친다. 부동태 피막층이 형성되면 합금 성분이 녹아나는 부식반응이 억제되어 내식성이 증가하지만, 동시에 계면접촉저항도 증가되어 분리판에서 전기 전도 특성을 저하시킨다. 따라서 내식성이 있는 전도성 금속이나 카본 같은 비금속 코팅 등으로 표면처리 하거나 전도성과 내식성을 동시에 만족하는 새로운 합금소재나 복합표면층을 구현하여 이 문제를 극복해야 한다.

넷째, 분리판 소재 및 가공공정 단가에 대한 고민이다. 수송용 고분자 전해질막 연료전지의 분리판 가격에 대한 DOE의 2020년 목표는 $3/kW이하 이다. 가정이나 건물용 연료전지에서 주로 사용되는 흑연소재 분리판의 소재 원가나 가공비는 시장에서 요구하는 수준보다 상당히 높다.

분리판으로 사용되는 소재의 두께, 전기전도도, 중량, 열전도도, 단가 등의 항목을 기준으로 흑연(3.75mm)과 스테인리스강 소재(1.0mm)를 비교 분석한 DOE 보고서에 따르면 금속소재는 별도의 표면처리 공정이 추가 되어 흑연보다 별로 유리하지 않다. 흑연소재 분리판이 가격(23-40%)이나, 중량 면에서 스테인리스강 소재 316 금속 분리판 보다 더 유리한 편이다. 그러나 금속소재는 흑연소재와 달리 가공 두께에 대한 높은 유연성을 가지고 있어두께를 0.1mm까지 줄이는 것이 가능하고, 또한 보다 저렴한 가공공정을 채택할 경우 흑연소재 보다 더 낮은 가격으로 제조하는 것이 충분히 가능하다.

분리판 설계요소 (Design factors)	요구 물성 (DOE 2020 Target)*		후보 소재					비고
			흑연	Al	Mg	316L	Ti	
1. 전기전도성 (Electrical Conductivity)	>100	S/cm	680 ○	$3.5×10^5$ ◎	$2.3×10^5$ ◎	$1.45×10^4$ ○	$2.3×10^4$ ○	1) 전기비저항(ρ) ($\Omega\cdot cm$)
2. 계면접촉저항 (ICR) (Interfacial Contact Resistance)	10	$m\Omega\cdot cm^2$	8-12 ◎	○	○	X	✖	내식성평가 전후 @140N/cm²
3. 내식성 (Corrosion Resistance)	<1	$\mu A/cm^2$	○	✖	✖	○	○	3)평가조건
4. 화학적 안정성 (Chemical Compatibility)	<0.8	$\mu mole/cm^2$	○	X	X	X	X	MEA 오염 (5,000 hr.)
5. 가스(H_2) 투기도 (H_2 Gas Permeability)	$<2×10^{-14}$	$cm^3/(cm^2\cdot sec)$	X~O	◎	◎	◎	◎	ASTM D1434 5)평가조건
6. 열전도성 (Thermal Conductivity)	>10	W(m·k)@20℃	23.8 ○	221 ◎	156 ◎	16.2 ○	19-22 ○	Cooling 제어
7. 밀도 (Density)	<5	g/cm³	2.3 ○	2.7 ◎	1.7 ◎	8.0 ○	4.5 ◎	7) 출력밀도(W/Kg)
8. 기계적 강도 (Mechanical Strength)								
– 인장강도 (Tensile Strength)	>41	MPa	30-60 X	206 ◎	156 ◎	515 ◎	951 ◎	
– 압축강도 (Compressive Strength)	>50	MPa	50-145					
– 충격강도 (Impact resistance)	>40	J/m	X	○	○	○	◎	ASTM D-256 (unnotched)
– 굽힘강도 (Flexural Strength)	>25	MPa	35-90 (carbon plate) ○	◎	◎	◎	◎	ASTM D790
– 유연성 (Flexibility)	3~5	% deflection @midspan	1.5-3.5					Carbon Composite BP
– 성형 연신율 (Forming Elongation)	>40	%	X	20-40 ○	<10 X	65-75 ◎	20-30 ▲	ASTM E8M-01 대량 생산
9. 표면특성 (Surface Properties)	~90°	contact angle						Roughness (50μm
10. 대량 생산성 (Mass Productability)			X	○	X	◎	○	포토에칭, Stamping, Hydroforming
– 용접성(Welding)			X	▲	▲	◎	▲	냉각유로형성
11. 가공비 (Manufacturing Cost)	3	US$/kW						500,000 stacks/year

[그림 58] 분리판 요구물성에 따른 소재별 특성

분리판의 경우, 현재 국산화율이 100%인 상태이다. POSCO는 세계 최초로 POS470FC를 개발했는데 이는 코팅없이도 내식성과 전도성이 우수한 것으로 알려져 있다. 따라서 금을 코팅한 기존 금속 분리판 대비 원가는 40% 가량 낮고 무게는 30% 경량화한 것으로 파악된다.

분리판 설계 및 제조는 대부분 연료전지 개발 주체와 함께 진행한다. 분리판은 연료전지 내부 구조 설계에 대한 핵심기술을 내포하여 정보 노출에 민감하기 때문이다. 현기차의 분리판 담당인 현대제철은 현재 현대비앤지스틸과 POSCO로부터 소재를 납품받아 금속 분리판을 제조하고 있는 것으로 알려져 있다.

라) 가스켓

연료전지 스택은 수백 개의 단위 셀들이 반복적으로 적층되어 만들어지는데 각각의 단위 셀에는 반응 기체 및 냉각수의 기밀성을 확보하기 위해 고무 가스켓을 사용한다. 또한 수백 개의 단위 셀들이 일정 압축 하중을 받고 있기 때문에 고무 가스켓은 10년 내구성을 보장할 경우 8만 시간 이상 일정량 압축된 상태에 놓이게 된다.

스택은 일반적으로 다양한 온도, 압력 및 상대습도 조건에서 작동되는데, 무엇보다도 중요한 것은 사용기간 내내 기밀을 유지하여야 한다. 이를 위해서는 장기간 높은 탄성을 유지해야 하며, 압축변형에 대한 저항성이 매우 높아야 한다. 스택용 고무 가스켓은, 불소계 탄성체, 실리콘계 탄성체 및 탄화수소계 탄성체가 일반적으로 널리 사용되고 있다.

이전에는 연료전지용 가스켓으로서 내열성, 내산성, 탄성 등 종합적으로 물성이 우수하고 가장 신뢰도가 높은 불소계 고무를 사용하였으나, 사출 성형성과 내한성이 좋지 않고 가격이 비싼 단점이 있어 양산 적용에는 문제가 있다. 또한, 불소계 고무를 과산화물로 가교32하여 -30 ℃ 이하의 저온에서도 사용 가능하게 만들 수 있으나, 수백 개의 가스켓을 초고가의 저온용 불소 고무로 대체하기에는 부담이 크다.

실리콘계 탄성체의 경우는, 폴리디메틸실록산 등의 일반 실리콘 고무와 고가의 불소화 실리콘과 같은 개질 실리콘 고무로 분류되며, 고체도 사용 가능하나, 연료전지 스택용으로는 정밀 사출성형에 유리한 액상 실리콘 고무가 보다 많이 사용되고 있다. 탁월한 사출 성형성을 발현한다는 장점이 있지만, 실리콘이 불순물로 용출되어 백금 촉매를 피독33하고 셀 성능을 감소시키는 단점이 있어 연료전지용으로 적합하지 않다.

탄화수소계 탄성체의 경우는, 에틸렌 프로필렌 디엔 모노머(EPDM), 에틸렌 프로필렌 고무(EPR), 이소프렌 고무(IR), 이소부틸렌-이소프렌 고무(IIR) 등의 고무가 많이 사용되고 있다. 이는 -40 ℃ 이하의 저온에서도 기밀성이 우수하고 가격이 낮은 장점들이 있는 반면, 내열성이 부족하여 120 ℃ 이상의 고온에서 장시간 사용이 어렵다. 그리고 고온에서 탄성, 내산화성 등의 물성저하가 크게 발생하는 문제점이 있다. 따라서 영구압축줄음율34이 낮고 금속이온을 포함하는 불순물 첨가제가 없는 가스켓 기술 개발이 이루어지고 있는 실정이다.

가스켓은 국산화가 100% 이루어진 상태이며 가격 경쟁력 또한 높은 상황이다. 국내 업체는 평화오일씰공업(평화산업 자회사, 평화홀딩스 손자회사), 동아화성 등이 있다.

마. 공기공급시스템

  공기공급시스템이란 전기화학반응을 위해 연료전지 양극에 산소를 공급하는 장치를 말한다.
이는 전기차에 들어가지는 않지만 내연기관차에 들어가 있는 부품이 거의 그대로 들어간다고
보면 된다. 공기공급시스템은 공기 중에 포함된 이물질을 여과하는 에어클리너와, 에어클리너
에서 여과된 공기를 압축하여 공급하는 공기 블로워 및 공기 블로워를 제어하는 컨트롤 박스
를 포함하여 구성된다. 이 중, 공기 블로워는 공기를 압축하여 스택에 공급하는 연료전지차의
핵심 장치로 4만 RPM 이상 초고속 회전을 요하기 때문에 연료전지 파워의 10%가 여기에서
손실된다. 또한 공기공급시스템이 많이 국산화가 되어있긴 하지만 화학 필터와 블로워에 쓰이
는 고속 베어링 소재부품은 수입하고 있다. 즉, 국내는 거의 조립하고 주요 부품들은 수입하
고 있는 실정이다.

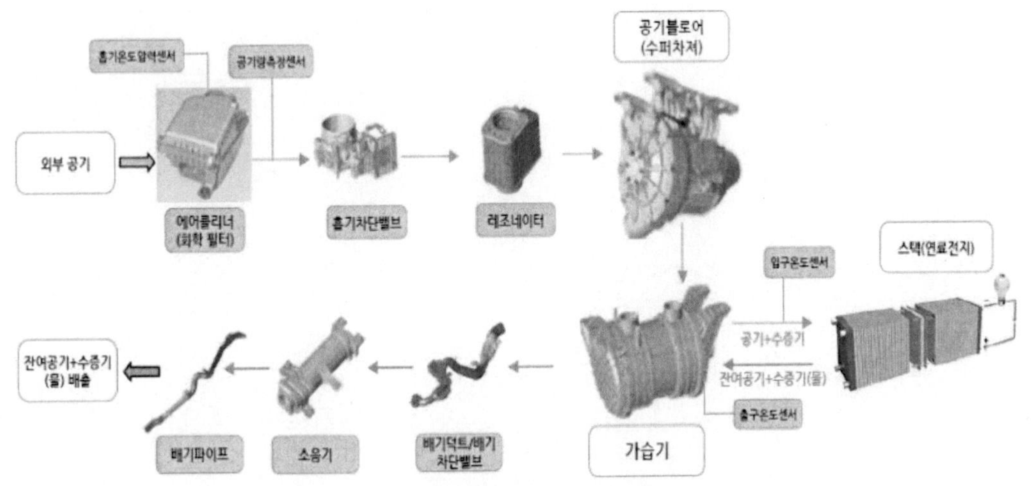

[그림 59] 공기 공급 장치의 주요 부품들

구성	내용
에어클리너	• 흡입 공기의 포함된 먼지와 유해 가스를 걸러 주는 장치, • 연료전지 성능 저하 방지를 위해 화학 필터의 사용이 필수
흡기/배기차단 밸브	• 차량 미주행시 공기가 스택안으로 퍼지는 것을 방지 • 겨울철 결빙 방지를 위해 히터(Heater)와 통합되어 있음(겨울철 시동 거는데 1분 소요)
공기블로어	• 공기를 압축하여 스택에 공급하는 연료전지차의 핵심 장치 • 4만 RPM 이상 초고속 회전을 요함. 연료전지 파워의 10%가 여기서 손실
가습기	• 수소와 산소의 화학 반응에 필수적인 습기를 흡입 공기에 공급 • 연료전지에서 발생되는 수증기를 포집하여 멤브레인을 통해 흡입 공기에 혼합시킴

[표 15] 공기 공급 장치 주요 부품

1) 공기 블로워

공기 블로워는 도요타의 경우 고압시스템을 만들었으며, 현대차는 거의 상압 즉, 1bar 시스템에서 제조한 블로워를 만들었다. 그러나 최근에는 도요타는 고압도 하면서 상압도 하고 있으며 현대차는 상압도 하면서 고압도 하고 있다. 따라서 두 업체 모두 2bar 짜리 공기 블로어를 만들고 있는 것이다.

특히, 상압형 시스템에서 출력 특성을 결정하는 것은 공기 및 수소를 공급하는 공기 블로워이다. 따라서 공기 블로워는 고속회전이 가능하고 정밀하게 제어될 수 있어야 하며, 작동 중 진동 발생을 최대한 억제할 수 있어야 한다. 특히 모터의 회전축이 축 방향으로 진동하면 연료 공급이 매우 불안정해지므로 회전축의 진동이 우선적으로 억제되어야 한다. 이를 위해 구동용 모터 조립체 회전축 양단을 각각 한 쌍의 베어링이 지지하고 있다. 그 중 하나는 탄성부재에 의해 압박하므로, 고속회전에 따른 회전축의 진동을 흡수 억제하여 공기 블로워의 작동이 안정화되고 결과적으로 연료전지 스택에 공급될 연료의 양을 정밀하게 제어할 수 있게 된다. 따라서 공기 블로워의 핵심은 고속 베어링이고 이는 전량 수입중이다. 국내 업체는 베어링을 수입해서 조립한다고 보면되고 이를 하는 업체는 한온시스템, 뉴로스 등이 있다.

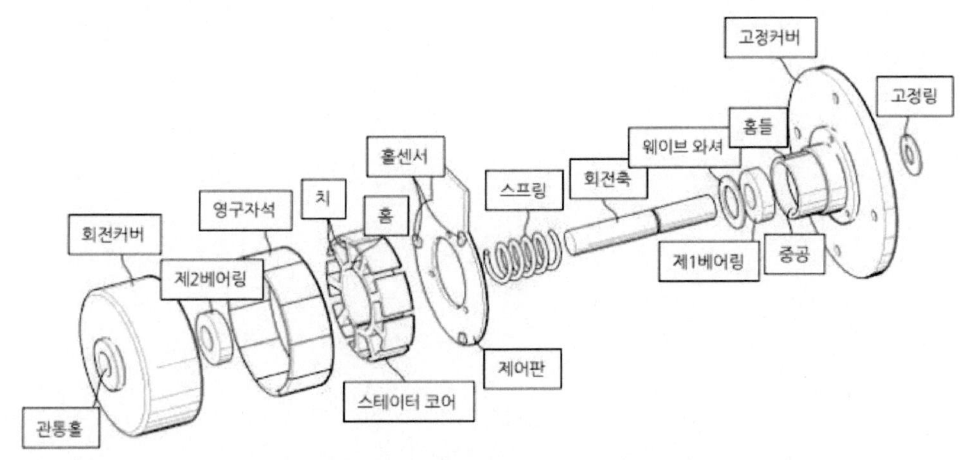

[그림 60] 공기 블로워 구동용 모터 조립체

2) 에어클리너

연료전지는 순수한 산소만 필요하다. 여기에 유해가스나 먼지가 유입되면 이상 화학 반응이 발생해 내구성이 크게 떨어진다. 게다가 연료전지 스택은 차 가격의 30%나 차지하는 고가이기 때문에 흡기 공기의 청정도 관리는 연료전지차의 생명이다. 이를 위해 공기 흡기구에 화학 필터를 사용해 대부분의 불순물을 걸러 주고 나머지는 가습기의 필터, 스택의 공기확산층에 흡수된다. 그렇다고 미세먼지가 아예 사라지는 것이 아니고 수소연료전지차 내에 걸려져서 쌓이는 구조이기 때문에 필터는 정기적으로 교체해야 한다. 특히, 에어클리너에 쓰이는 고가의 화학필터는 전량 수입 중이기 때문에 소비자 비용부담이 큰 요인 중 하나이다.

3) 가습기

 기체, 특히 수분 전달 능력을 가진 기밀(gastight) 멤브레인은 잘 알려져 있는 기술분야이다.
이러한 멤브레인을 MEA 말고도 입력 증기를 가습하기 위한 가습기에 사용된다. 그러나 가습
기는 오히려 열 순환, 건조 및 범람을 포함하는 가혹한 환경에 노출될 수 있다. 현재, 멤브레
인 가습기는 미국에서 특허를 가지고 있는 2가지가 대표적으로 사용되고 있다. 첫째, 미국특
허의 이오노머 멤브레인이다. 이는 고체 폴리머 연료 셀 안에서 수분을 전달하는 것으로 수분
의 적절한 전달 속도를 제공한다. 그러나 기본적으로 쓰이는 물질인 퍼플루오로설폰산
(perfluorosul fonic acid)이 매우 고비용이고 흡수한 수분에 의한 팽창이 오히려 높아 문제
가 된다. 역시, 미국 특허인 멤브레인 가습기는 미세 다공정 폴리머 내의 유기 친수 첨가물(실
리카 or 알루미나) 및 미세 다공정 폴리머이다. 이러한 멤브레인 가습기들도 내구성과 수분
전달 속도에 취약점을 가지고 있다. 따라서 내구성 있고 입수 가능하며 적절한 수분 전달 속
도를 제공하는 멤브레인 가습기가 필요한 상황이다.

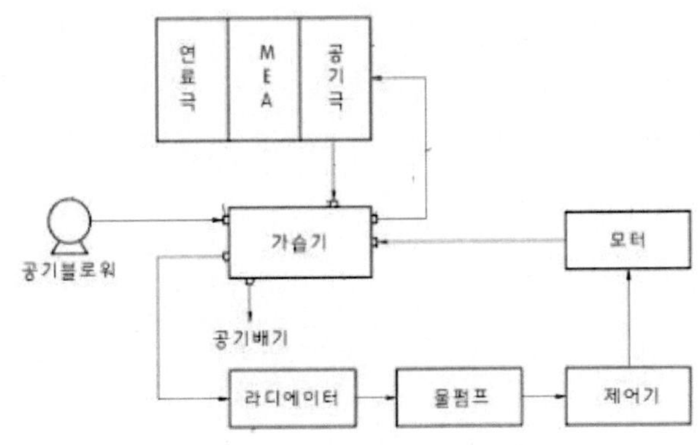

[그림 61] 연료전지 가습기 위치

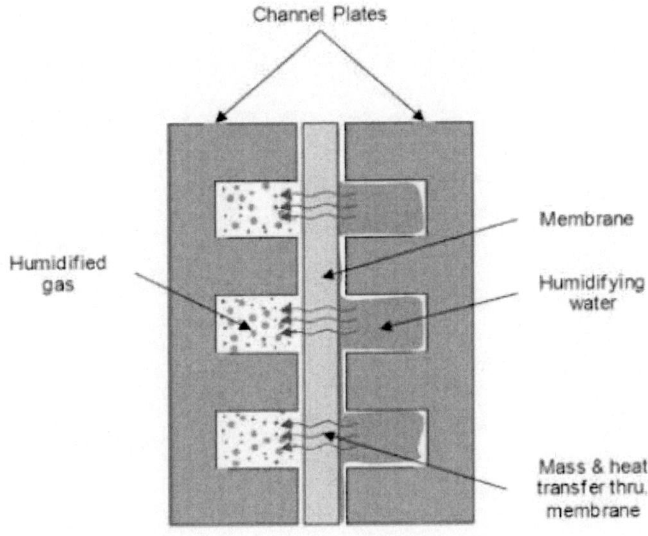

[그림 62] plateptype membrane humidifier

바. 열관리시스템

열관리시스템은 연료전지 스택의 전기화학 반응 부산물인 열을 외부로 방출시켜 연료전지 스택의 운전온도를 최적으로 제어하는 역할을 한다. 연료전지 시스템의 경우, 연료전지의 효율이 대략 50% 정도로, 출력만큼의 에너지가 열로 방출된다. 따라서 연료전지 사용 중에 고열이 발생되면 연료전지의 수명과 성능을 유지하고 가장 안정된 출력 상태를 얻기 위해 온도를 대략 25oC(상온)에서 80 oC 이내의 온도 범위에서 유지해야 한다. 따라서 스택의 온도 상승을 방지하기 위하여 스택을 냉각시켜야 하는 등 열관리 시스템이 필수적이다.

열관리시스템은 냉각수 역할을 하는 부동액 또는 증류수를 연료전지 스택으로 순환시켜 온도(60~70℃)를 유지시키는 일종의 냉각 장치로 볼 수 있다. 이는 냉각수가 저장된 리저버와, 냉각수를 순환시키는 펌프, 순환되는 냉각수로부터 이온을 제거하는 이온 필터, 이온 제거기로부터 유출되는 냉각수를 가열하는 히터, 냉각수 온도를 낮추는 라디에이터, 라디에이터로부터 유출되는 냉각수 중 하나를 선택하여 상기 연료 전지에 제공하는 3-way 밸브로 구성된다.

문제는 스택이 습도관리와 80 oC 근방의 온도 관리가 필요하기 때문에 내연기관 대비 큰 라디에이터와 가습시스템이 필요하다. 이에 DOE나 NEDO 등에서는 열관리 시스템 및 가습시스템을 간소화하고 더 나아가 제거하고자 한다. 이를 위해 개발에 힘쓰는 쪽이 결국 전해질막, 즉, membrane이다. 현재, 120 oC 정도의 운전온도와 저가습운전이 가능한 전해질막 개발을 목표로 하고 있다.

라디에이터, 레저버, 히터, 밸브 같은 경우에는 기존의 회사들이 쓰던 것들을 사용하면 되고, 앞서 언급했듯이 전해질막 개발이 이루어짐에 따라 점차 사라질 수도 있는 부품이라는 점에서 핵심으로 보기는 힘들다. 현재 라디에이터 및 열관리 시스템 모듈은 한온시스템에서 하고 있으며 냉각수 압력 및 온도센서는 세종공업에서 하고 있다. 다만, 이온제거기 소재는 미국과 일본에서 핵심기술을 가지고 있어(기반 소재기술은 거의 국내에는 없음) 전량 수입 중이다.

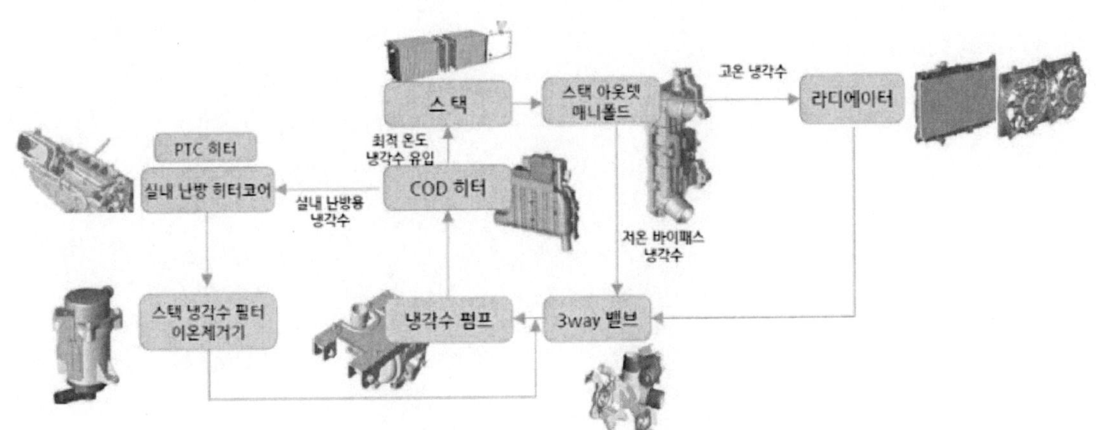

[그림 63] 열관리시스템 구성

구분	내용
COD 히터	• 스택에 측면에 붙어 있는 고전압 전기 히터, 최대 사용 시 10% 이상 연비 소모 • 미동시 스택 내부의 잔여 산소와 수소를 소모시켜 내구성 증대 • 냉각수를 예열하여 스택의 냉간 시동 능력 향상
실내 난방 히터	• 냉각수 온도가 낮아 부족한 난방 열원을 보충하기 위해 PTC히터 사용
3way 밸브	• 스택에 공급되는 냉각수의 온도 제어

[표 16] 열관리시스템 주요 장치들

사. 전기생성시스템

 수소자동차의 전장시스템과 전기자동차의 전장시스템은 거의 유사하다. 수소자동차는 수소
에너지원을 가져와서 연료전지를 통해 전기를 발생 시켜 모터를 구동한다. 전기자동차는 전력
망으로부터 직접 리튬이온배터리를 충전한 후 다시 방전시키며 모터를 구동한다. 결국 엔진이
없기 때문에 필요한 구성이라고 보면 된다. 따라서 둘다 모터와 함께 속도를 조절할 수 있는
감속기가 필요하다.

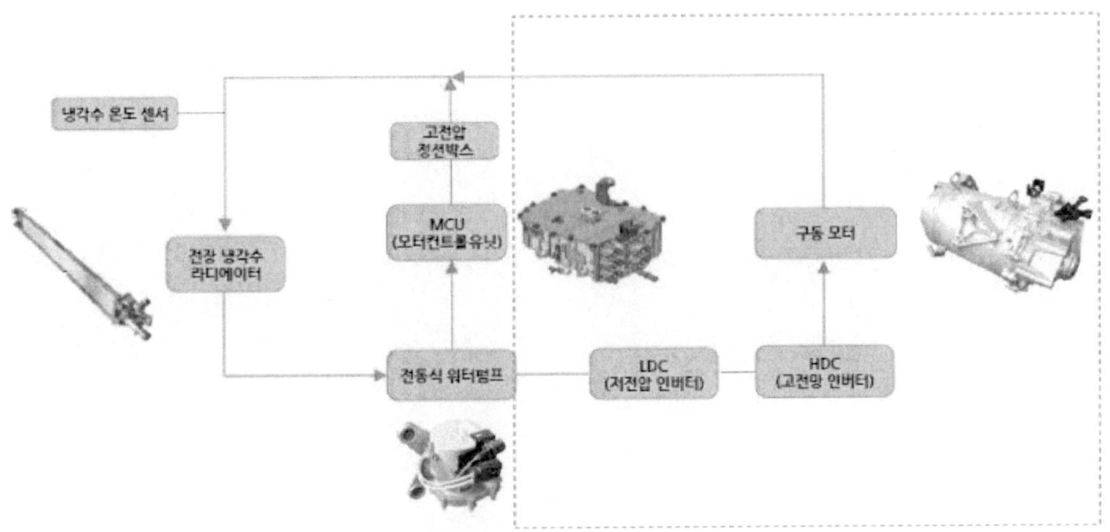

[그림 64] 전기생성시스템 구성

 현대차의 연료전지차 ix35와 Tesla의 전기차는 주행용 구동모터로 유도모터를 장착하고 있
다. 그리고 다른 완성차 기업의 전동차에는 모두 영구자석 동기모터가 장착되고 있다. 유도모
터에는 구리 다이캐스트 로터가 추세이고 영구자석동기 모터에는 영구자석을 V자형으로 배치
하여 릴럭턴스 토크35를 최대로 활용하는 구조를 채택하고 있다.

 유도모터는 크기와 무게로 결정되는 출력밀도에는 불리하나 효율이 가장 좋은 21,000rpm
등의 고속영역에서는 효율이 유리해진다. 또한 유럽 표준주행 모드에서는 영구자석 동기모터
가 유리하나, 실 주행모드에서는 유도모터가 유리하다.

 또한 영구자석 동기모터의 네오디움 자석은 희토류 원소를 사용하는데 생산이 중국에 집중되
어 있어 조달이 불안정하다. 그러나 유도모터는 중국 등의 전략적 자원 외교로부터 자유로워
가격 인상 위험을 배재할 수 있다. 다만, 유도모터의 경우, 소형 경량화에 어려움이 있어 이를
극복할 수 있는 기술개발이 있어야 한다. 유도모터용 인버터가 상대적으로 기술적 어려움이
있는 것으로 알려져 왔으나 Tesla 등은 이를 극복했다. 차량의 소형 경량화는 항속 거리 향상
에 중요한 역할을 한다. 수소 탑재량 저감과 수소저장용 탱크 압력을 500기압으로 낮출 수 있
어 사용 탐소 섬유량과 컴포짓량 저감을 가능하게 한다.

소형 경량화가 어려운 유도 모터 시스템의 사용은 이 점에서 단점이 될 수 있어 완성차 기업은 영구자석 동기 모터 사용을 선호한다. 다만, 최근 몇몇 완성차 업체들이 중국 자원의 영향에서 벗어나고 회전속도를 높이기 쉬운 유도모터로 전환하여 신차 출시를 선언하고 있다.

주행용 구동모터에 사용되는 컨버터, 인버터에는 Si 다이오드와 Si IGBT가 스위칭 소자로 널리 사용되고 있다. Si 파워반도체보다 체적을 1/4로 소형화, 경량화가 가능하고 스위칭 시 손실되는 전력을 85% 절감할 수 있는 SiC/GaN 와이드갭 차세대 반도체가 시장에 공급되고 있다. Rohm은 Full SiC 모듈을 2012년부터 양산하고 있다. Si IGBT 와 비교하여 체적은 1/2, 스위칭 손실은 85% 이상 저감한다. SiC 트랜지스터로는 스위칭 주파수 200kHz, 입력전압 800V, 출력전류 72.2A, 용량 50kVA인 것을 개발했다. Mitsubishi Denki는 1,200V 내압 전격전류 800A의 대용량 Full SiC IPM(Intelligent Power Module)을 개발했다.

아. 수소 생산기술[42]

1) onsite 개질수소 생산

개질수소 방식은 원료인 천연가스의 가격이 비싸고, 생산과정에서 CO2가 발생한다는 단점이 있지만, CCUS[43](Carbon Ca.t&re Utilization and Storage)등의 기술을 활용하면 부생 수소보다 친환경적인 수소 생산 방식이다.

본 방식은 현재 목표 수요량에 대응할 수 있는 가장 현실적인 수소 생산 방식으로 탄소 배출이 0인 그린수소 생산이 양산화될 때까지 확산될 전망이다. 기존 CCUS 기술의 경우 사업성의 부족 및 일관된 정책 지원 부재로 인해 다양한 프로젝트가 진행되지 못했다. CCUS 기술이 자리잡기 위해서는 높은 인프라 설치비용, 시스템 설치 및 확장과 관련된 기술적 이슈[44], 자금 및 경제성 확보, 지역 주민들의 반대 문제 등이 해결되어야 한다.

장기적으로는 기술 개발을 통하여 생산 단가 절감 및 경제성이 확보된 P2G(Power to Gas) 방식의 그린수소 생산이 이뤄져야 한다. P2G는 전력 계통에서 수용할 수 없는 풍력·태양광 등의 출력을 활용하여 수소를 생산·활용하거나, 생산된 수소를 이산화탄소와 반응시켜 메탄 등의 연료 형태로 저장·이용하는 기술로, 풍력·태양광 등의 재생에너지의 경우 출력 변동성이 높아 전력 계통의 안정성 문제를 발생시킬 수 있으며, 현재는 안정적 출력을 위해 수소생산 대신 ESS 등을 활용한 시스템을 구축 중이다.

2) 재생에너지와 연계된 그린수소 생산

수소생산 방식별 세부 반응은 전해질 종류에 따라 다르지만, 전극 표면에서 수소이온의 흡착과 결합 반응으로 수소가 생성되는 것은 동일하다. 수소 발생 메커니즘으로는 수소이온이 환원되면서 전극에 수소 원자 형태로 흡착하게 되고(Volmer), 그 다음 하나의 흡착된 원자와 용액의 수소이온이 반응(Heyrowsky)하거나, 두 흡착원자의 결합(Tafel)에 의해 수소가 발생한다. 이때, 전극 물질에 따라 수소 발생 속도가 다르며, 금속의 활성도는 수소 발생 효율을 결정한다.

최근에는 수전해 효율을 개선하기 위한 촉매 관련 특허 출원 건수가 증가했다. 촉매는 반응속도를 개선하는 역할을 하는 것으로, 기존 수전해 기술에는 백금(Pt)이나 이리듐(Ir)기반의 귀금속 촉매를 사용했다. 귀금속 촉매는 가격이 비싸고 안정성이 낮다. 비귀금속계열 촉매는 여전히 수소 생산 효율과 내구성 개선이 필요하며 전이금속계열[45] 물질을 중심으로 관련 연구가 지속적으로 진행되고 있다.

---

42) 수소 생산기술 동향 및 시장 선점을 위한 기술 개발 전략, KDB 미래전략연구소, 2020.11
43) CCUS는 이산화탄소 포집, 이용 및 저장을 의미하며, CO2를 대량 발생원으로부터 포집한 후에 압축 수송 과정을 거쳐 육상 또는 해양 지중에 저장하거나 유용한 물질로 전환하는 기술을 의미
44) 포집된 CO2를 활용하여 산업적으로 유용한 물질로 전환하기 위해서는 외부에서의 추가적인 에너지 공급이 필요하고 이에 따른 화석연료의 사용 가능성 발생으로 종래보다 더 많은 CO2 발생 가능성이 존재
45) 전이금속은 주기율표에서 금속, 준금속, 비금속 원소를 제외한 모든 원소로서, 주기율표상 3~12족원소

물분해 촉매 관련 기술은 2019년 누계 기준 70건 출원되었으며, 그 중 2019년 출원 건수는 14건으로 전년 4건 대비 350% 급증했다. 출원된 특허는 국내 출원인의 비중이 94.3%이며, 한국화학연구원, 한국과학기술연구원 등의 국책연구소와 포스텍, 서울대 등 국내 대학이 전체 86%를 차지했다. 이중 수전해용 촉매에 관한 기술은 40%,'8건)의 비중을 보이며, 백금족을 대체하는 신규 촉매를 개발하는 쪽으로 특허 출원이 집중되었다.

최근에 국제 재생 에너지 기구(IRENA)와 유럽 특허청(EPO)이 공동으로 수행한 연구에 따르면 녹색 수소 기술의 혁신은 물 전기분해 분야에서 2005년부터 2020년까지 전 세계적으로 1만894건의 녹색 수소 기술 관련 특허가 공개되었다. 이는 매년 평균 18%씩 증가한 것이다.

무엇보다 중국이 6383건의 출원으로 선두를 점하고 있으며 일본, 한국, 미국, 독일, 프랑스가 그 뒤를 이었다. 도시바(일본), Cea(프랑스), 파나소닉(일본), 지멘스(독일), 혼다(일본)가 가장 활발한 기업들이다.[46]

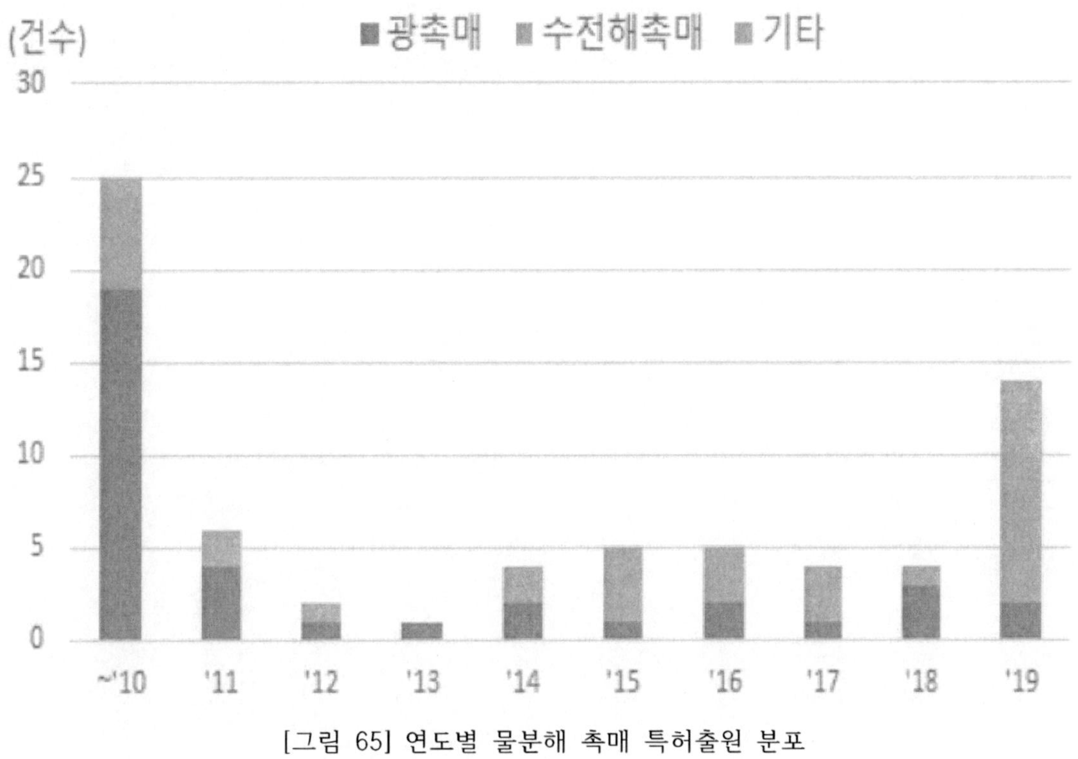

[그림 65] 연도별 물분해 촉매 특허출원 분포

---

46) 글로벌비즈 '녹색 수소기술 전기분해 특허 붐...연간18%씩 증가'

5

수소자동차 기업 동향

5. 수소자동차 기업 동향

가. 해외기업

1) 도요타

도요타는 1937년에 설립된 글로벌 최정상의 자동차 제조사로, 연간 1,000만대 수준의 자동차를 전 세계에서 판매하고 있으며, 보유 브랜드로는 도요타와 렉서스, Hino, Ranz, Daihatsu 등이 있다.

도요타는 수소차 시장 공략을 위해 '도요타 인사이드' 전략을 만들어 시행 중이다. 도요타가 수소자동차 전체(완성차)를 만들지 않고, 수소연료전지와 연료전지에서 생산된 전력을 관리하는 제어기술을 중국과 유럽의 자동차 업체에 공급하는 것이다.[47]

최근 도요타가 수소차 시장 선점에 박차를 가하기 위해 수소연료전지차 '미라이' 2세대 모델을 발표했다. 최근 도요타 유럽법인은 벨기에 브뤼셀에 수소연료전지 사업 전담 회사를 세우기도 했다.

[그림 67] 도요타의 신형 미라이

도요타가 발표한 신형 미라이는 성능은 대폭 끌어올리고 가격은 낮춘 것이 특징이다. 우선 주행거리가 이전 모델 대비 30% 증가해 850㎞를 달릴 수 있다. 수소 탑재 용량을 20% 늘리고 연료 효율을 10%가량 개선한 결과다. 외관 디자인도 완전히 바뀌었다. 1세대 모델이 프리우스에 가까웠다면 2세대 모델은 렉서스 세단을 닮았고, 콘셉트카의 모습을 거의 그대로 반영했다.

도요타는 '제로(0) 배출을 넘어 배출량 마이너스'를 달성하겠다는 목표를 제시했는데, 신형 미라이는 이를 위한 도요타 최초의 차량으로, 공기를 흡수해 다시 방출하기 전에 이를 정화하는 공기 청정 시스템을 탑재했다. 먼지 필터가 PM2.5 수준의 입자를 포착하고 유해 화학 물질을 제거한다. 운전 중 청소한 공기의 양도 중앙 화면에 표시된다.

---

47) 도요타 인사이드 vs 현대차 수소트럭, 조선비즈, 2020.01.02

또한, 도요타 유럽법인은 유럽 시장 공략을 위해 글로벌 수소연료전지 관련 업무를 총괄하는 신설법인 '퓨얼 셀 비즈니스 그룹(Fuel Cell Business Group)'을 설립했다. 퓨얼 셀 비즈니스 그룹은 수소차뿐 아니라 수소 생태계 구축을 위한 전반적인 업무를 수행하게 된다. 벨기에 브뤼셀을 거점으로 각국 정부나 기관, 기업과 협력하고, 모빌리티를 포함한 다양한 분야에서의 수소 도입을 지원할 방침이다.[48]

48) 도요타, 신형 '미라이' 출시하고 수소 사업 확대…미국서 현대차와 맞붙는다, 조선비즈, 2020.12.10

나. 국내기업

현재, 수소연료전지차 관련 국산화율은 99%이다. 그런데 그 99%에는 정작 중요한 원가의 대부분을 차지하고 있는 연료전지 스택이나 수소저장탱크에 관한 기술은 포함되어 있지 않다. 즉, 수소연료전지차의 가장 핵심이 되고 COST가 많이 들어가는 모든 부품의 기반소재 기술이나 연료전지 스택 중 멤브레인 기술 등은 기술력을 보유하고 있지 않은 것이다. 따라서 수소차 관련 의미있는 기업을 보려면, 차라리 수소차 완성차쪽으로 경쟁력을 가지고 있는 '현대차', 그리고 대부분의 부품을 넣고 있는 '현대모비스', 여기에 수소차에 들어가는 거의 모든 센서 쪽에 경쟁력 있는 '세종공업' 정도가 유효하다고 판단된다.

현재, 충전소 같은 경우에는 SPC를 만들어서 현대차에 투자하고 있는 상황이다. 세계 충전소는 2021년 기준으로 685개가 가동 중에 있는데, 한국은 총 95개소의 수소충전소를 운영하고 있고 일본은 159개소, 중국은 105개소, 유럽은 228개소, 북미 86개소, 미국북동부 6개소, 미국 중부 5개소, 캐나다 7개소가 운영되고 있다.[49]

전세계에서는 자동차 시장이 유지되는 한 전기차나 수소차를 만들지 않을 수가 없다. 유럽, 미국 시장에 내연기관차만 팔 수 없는 정책이 마련되어 있기 때문이다. 따라서 충전소 수요도 어느정도 성장의 기울기가 나올 수 있다. 문제는 국내에서는 충전소를 만들만한 역량을 갖춘 회사가 없다는 것이다. 그래서 현재 에어프로덕츠(영국, Air Products)와 에어리퀴드(프랑스, Air Liquide) 같은 굴지의 해외 기업들에게서 시스템을 가져다 설치해야한다. 수소를 압축해서 보관하는 시스템은 국내가 해본 적이 없기 때문에 충전소 초기 단계에는 유럽, 미국에 깔아 보았던 해외 기업들이 할 수 밖에 없다. 그리고 국내는 아직 개발해야 하는 상황이다.

구분	셀스택	연료변환기	BOP	전자장치	기타
가격비중(%)	30	35	15	12	8
가격비중이 높은 부품	전극, 촉매 분리판	촉매 (개질,탈황) 반응기	밸브, 블로워 류	전력변환기, 제어기	전선류
수입부품	전극, 촉매	촉매 (개질, 탈황)	밸브, 블로워 류	전력변환기, 제어기	

[표 17] 연료전지 가격비중 및 주요 수입부품

---

49) 월간수소경제 '작년 세계 신규 수소충전소 142개… 한국은 36개'

구분	핵심기술 핵심부품	국내 기술 현황	부품 수입현황			사유	
			국산화율	주요수입부품	국가	가격	기술
스택	막전극접합체	추격	50%	막전극접합체 국내 생산 (단, 전해질 막 소재수입) '20년 국산화 예정 (단, 소재는 수입)	미국		O
					미국		O
	기체확산층	추격	-	'19년 국산화 예정(단, 소재는 수입)	독일	O	O
					일본	O	O
	분리판/가스켓	경쟁	100%	(부품기준)			
	셀전압 모니터링	경쟁	100%	(부품기준)			
	체결기구	경쟁	100%	(부품기준)			
	인클로저/인터페이스	경쟁	100%	(부품기준)			
운전 장치	공기공급장치	경쟁	95%	화학필터, 고속베어링 소재부품 수입	미국		O
					독일	O	O
	수소공급장치	경쟁	100%	(부품기준)		O	O
	열관리장치	경쟁	99%	이온제거 소재	미국		O
					일본		O
	공조장치	경쟁	100%	(부품기준)			
전장 장치	구동모터	경쟁	100%	(부품기준)			
	감속기	경쟁	100%	(부품기준)			
	전력변환장치	경쟁	40%	파워소자, IC, Cap 필름 등 소재 수입	일본	O	O
					일본	O	O
					독일	O	O
	EMI/윤활/냉각	경쟁	100%	(부품기준)			
	ECU 및 제어장치	경쟁	100%	(부품기준)			
수소 저장 장치	수소저장용기	추격	50%	카본파이버 소재수입	일본	O	O
	고압 밸브/배관/ 레귤레이터	추격	90%	고압실링소재 수입 '20년 국산화 예정	미국	O	O
					미국	O	O
					캐나다	O	O
	안전장치	추격	90%	고압실링부품 수입 '20년 국산화 예정	미국	O	O
					캐나다	O	O
					유럽	O	O
	수소충전/ 수소저장제어기	경쟁	100%	(부품기준)	유럽	O	O

[그림 68] 수소연료전지차 부품 국산화율 및 경쟁 상황

구성모듈		가격비중	핵심부품	개발기술	가격저감
연료전지스택		40~50%	막전극접합체	전해질 막 국산화, 촉매담지량 저감(30% 감소)	7.0%
			분리판	공기확산 개선구조를 통한 스택 성능 향상(50% 이상)	3.2%
			가스확산층	두께 박막화(30% 감소) 고강성 구조(두께↓, 강성 유지)	1.0%
			가스켓	내한성능 향상(-25도 이하)	0.3%
			체결기구	체결기구 소재 경량화	0.4%
			모듈	내구성 향상(5,000hr 이상) 스택 적층수 저감(30% 감소)	801.0%
운전장치	공기공급	15%	공기압축기	고속 베어링(소비전력 저감)	0.2%
			막가습기	저가습 운전(막가습기 최소화)	1.1%
	수소공급		수소재순환	저유량 구간 수소재순환	0.5%
			밸브	부품 기능 통합	0.3%
	열/물관리		라디에이터	고방열 구조	0.2%
			히터	히터 소비전력 저감	0.8%
	모듈		모듈	운전장치 전력소비 저감 내식성 배관 소재부품	1.1%
전장장치		10%	모터, 전력변환 등	부품공용화(EV, PHEV, HEV)	1.0%
수소저장장치		20%	고압용기	라이너, 카본파이버 소재 국산화 와인딩 필라멘트 무게 감소	8.8%
			모듈	핵심부품 기능 통합	6.0%
총 가격저감 비율					40.0%

[그림 69] 수소연료전지차 구성품 및 정부의 가격저감 전략

50)

---

50) 수소차! 뼛속까지 파헤치기, BNK 투자증권, 2019.03.06

1) 현대자동차[51]

대표자	정의선/이원희/하언태	설립일	1967년 12월 29일
기업규모	대기업	기업형태	코스피
매출액	연결 재무제표 : 117조 6,106억 별도 재무제표 : 55조 6,051억	영업이익	연결 재무제표 : 6조 6,789억 별도 재무제표 : 6,616억
순이익	연결 재무제표 : 5조 6,930억 별도 재무제표 : 6,455억	신용등급	최상 (2020.06)
사원수	71,982명 (2021.12)	상세업종	승용차 및 기타 여객용 자동차 제조업 [52]

[표 18] 기업 기본정보

현대차그룹은 전기차 전용 플랫폼 개발과 핵심 부품의 경쟁력 강화를 바탕으로 2025년까지 11개의 전기차 전용 모델을 포함해 모두 44개의 전동화 차종을 확보할 계획이다. 수소전기차는 2020년부터 차량뿐 아니라 연료전지시스템 판매도 본격화해 수소 산업 생태계 주도권 확보에 나섰다.

현대차는 화석연료 없이 전기 에너지를 생산하고, 이를 통한 모빌리티 환경을 구축하는 걸 전동화 청사진으로 삼고 있다. 현대차는 2022년 '중장기 전동화 가속화 전략'을 공개하며 전기차 수요 집중 지역 내 생산 확대, 차세대 배터리 기술 개발 및 배터리 모듈화 등을 포함한 배터리 종합 전략 추진, 하드웨어와 소프트웨어를 아우르는 EV 상품성 강화 등의 중장기 전동화 전략을 추진하기로 했다.

특히 2025년 승용 전기차 전용 플랫폼 'eM'과 PBV(목적 기반 모빌리티) 전기차 전용 플랫폼 'eS' 등 신규 전용 전기차 플랫폼 2종을 도입하고, 2030년까지 12조원을 투자해 커넥티비티, 자율주행 등 전사적인 소프트웨어 역량을 강화하기로 했다.

이를 근간으로 현대자동차는 글로벌 전기차 선도 기업이자 스마트 모빌리티 솔루션 기업으로서의 위상을 공고히 할 계획이다. 연결 부문 영업이익률은 2030년까지 10%로 확대하며, 이를 위해 미래 사업 등에 95조 5,000억 원을 투자하기로 했다.

또한, 친환경, 신재생을 강조하는 글로벌 에너지 패러다임 변화 추세에 발맞춰 전기차 배터리나 수소차 연료전지 등 친환경차 전지 관련 특허출원이 활발한 것으로 나타는데, 자동차 업체 중 국내 현대자동차그룹이 전체 특허출원의 절반이 넘는 비중을 차지하면서 선두를 기록했다. 전체 자동차 업체의 전지 출원 중 현대자동차 그룹 56.4%, 도요타 자동차 27.6%, 르노-닛산-미쓰비시 얼라이언스 11.5%, 폭스바겐 그룹(아우디·포르쉐 등) 2.4% 순이었다.[53]

---

51) 현대자동차그룹 뉴스룸 '현대자동차, 중장기 전동화 전략 공개'
52) 나무위키 '현대자동차'

현대자동차는 전기차 판매 확대 방안으로 안정적인 배터리 물량 확보와 차세대 배터리 기술 개발을 위한 '배터리 종합 전략'을 마련했다.

우선 현대자동차는 늘어나는 전기차 수요에 효과적으로 대응하고 제조 원가를 낮추기 위해 기존 내연기관 중심의 생산시설을 전동화에 최적화된 생산 시스템으로 신속히 전환하기로 했다.

나아가 현대자동차는 향후 전기차 수요가 집중되는 지역을 중심으로 생산을 적극 확대해 글로벌 전기차 생산 최적화를 추진하기로 했다. 현재 글로벌 9개 생산 거점* 중 국내 및 체코가 중심인 전기차 생산기지를 보다 확대해 나갈 계획으로, 먼저 최근 가동을 시작한 인도네시아 공장이 연내 전기차를 현지 생산한다. 아울러 현대차는 기존 생산 공장 외에 전기차 전용 공장 신설 등을 검토 중이다.

특히 현대자동차는 늘어나는 전기차 수요에 대응하고 가격 경쟁력을 확보하기 위해 배터리 회사와 제휴를 맺어 주요 지역에서 배터리 현지 조달을 적극 추진하기로 했다. 현대자동차그룹은 LG에너지솔루션과 인도네시아에 베터리셀 합작공장을 설립해 2024년부터 전기차 연간 15만대에 적용할 수 있는 10기가와트시 규모의 리튬이온 배터리를 생산할 예정이며, 미국 등 주요 시장에서 배터리 회사와의 추가적인 전략적 제휴를 추진하고 있다. 현대자동차는 이러한 전략적 제휴를 통해 2025년 이후 적용 예정인 차세대 리튬이온 배터리의 50%를 조달할 계획이다.

(단위: 십억원)

주요재무정보[54]	연간			
	2018.12	2019.12	2020.12	2021.12
자산	180,656	194,512	209,344	233,946
유동자산	73,008	76,083	83,686	88,565
비유동자산	107,648	118,429	125,658	145,381
부채	106,760	118,146	133,003	151,331
차입	73,296	81,372	91,407	107,793
자본	73,896	76,366	76,341	82,616

[표 19] 현대자동차 재무제표

---

53) 전기차 배터리·수소 연료전지 특허출원 활발…현대차 글로벌 1위, 김민준, 에너지경제, 2020.11.09
54) 현대자동차 홈페이지 '재무상태표'

2) 세종공업

대표자	박정길/김익석/김기홍	설립일	1976년 07월 01일
기업규모	중견기업	기업형태	코스피
매출액	연결 재무제표 : 1조 5,881억 별도 재무제표 : 4,035억	영업이익	연결 재무제표 : -42억 별도 재무제표 : 42억
당기손익	연결 재무제표 : -108억 별도 재무제표 : 81억	신용등급	양호 (2022.04)
사원수	687명 (2022.06)	상세업종	그 외 자동차용 신품 부품 제조업 [55]

[표 20] 기업 기본정보

세종공업은 자동차 소음기, 배기가스 정화기 제조업체로 주 고객사는 현대기아차다. 세종공업의 주요제품은 소음기(머플러), 정화기, 기타 부산물 물로 구성된다. 세종공업의 원재료는 철판 (SACD), 코일 (SUS 439), 파이프 (STAC 60/60) 등이다.

세종공업은 2021년 이후 수소차 부품사업을 확대하고 있다. 세종공업은 현재 수소전기차에 사용되는 센서류(각종 압력센서/냉각수 압력온도 센서/수위센서 등)와 핵심부품(수소 압력릴리프 밸브/스택용 워터트랩/수소 누설 모니터링 시스템/수소연료배기시스템 등)을 생산중이다.

특히 국내 최초로 프레스 금형을 이용한 스탬핑 금속분리판기술 개발을 통해 2kW급 고체산화물연료전지 스택을 제작·운전하는데 성공했다는 소식에 세종공업이 강세다. 한국에너지기술연구원에서 개발한 2kW급 스택은 포스코에서 개발한 연료전지용 금속분리판 소재와 세종공업의 금형기술 및 동일브레이징의 브레이징 접합기술을 통해 제작됐다.[56]

연료전지 스택은 수소와 산소를 공급받아 전기를 생산하는 장치이고, 그 중 금속분리판은 스택에 공급되는 수소/산소를 골고루 확산시켜 주고 스택에서 생산되는 물/열 등을 배출하는 통로이다. 스택 당 약 440개의 분리판 세트가 들어가고, 스택 원가의 약 20% 비중을 차지한다. 세종이브이는 현대차 넥쏘를 대상으로 2021년 초부터 금속 분리판을 납품하고 있다.[57]

한편, 최근의 세종공업은 지나친 원가비율로 낮은 수익성에 시달리고 있다. 이 회사의 원가비율은 2017년 89.1%, 2018년 89.7%, 2019년 88.9%를 나타내다가 급기야 2020년 90.2%, 2021년 92.1%로 치솟았다. 일반적으로 매출이 늘면 원가비율이 낮아져야 하지만 정반대의 모습을 보인 것이다.

---

55) catch.co.kr
56) 파이낸셜뉴스 '[특징주]세종공업, 국내 최초 연료전지 스택 핵심부품 분리판 대량생산 기술개발 성공'
57) [하나금융투자] 세종공업 : 수소차 부품사업을 확장중이다, 홍진석, 한반도경제, 2020.06.08

이에 언론사에서 세종공업에게 발주처의 납품단가 인하 압박 의혹을 제기하고 지나친 원가비율에 관해 질문했으나 아직 답변은 없는 상황이다.[58]

(단위: 백만원)

주요재무정보[59]	연간		
	2020.12	2021.12	2022(1Q누적)
매 출 액	1,182,774	1,588,108	387,020
영업이익	-6,166	-4,158	-15,475
당기순이익	-21,851	-10,772	-15,473
자산총계	1,158,751	1,180,100	1,197,991
부채총계	770,626	777,174	812,309
자본총계	388,125	402,926	385,682

[표 21] 세종공업 재무제표

---

58) 위클리오늘 '[위클리오늘] 세종공업, 지나친 원가비율...매출 증가에도 2년 연속 적자'
59) 세종공업 재무정보

6

수소자동차 특허 동향

6. 수소자동차 특허 동향

출원번호	1020180150432	등록번호	1022048350000
출원일자	2018.11.29	등록일자	2021.01.13
출원인	골든비엔씨 (주)		
특허명	수소 생산 장치 및 수소 생산 장치를 이용한 수소 자동차		

요약

본 발명은 수소 생산 장치 및 수소 생산 장치를 이용한 수소 자동차에 관한 것으로, 알칼리금속 저장탱크(100); 물을 포함하는 유체가 내장되되, 상기 알칼리금속 저장탱크(100)로부터 공급받은 알칼리금속과 상기 물이 반응하여 수소기체가 생성되는 수소가스 발생부(300); 및 상기 수소가스 발생부로부터 수소기체를 공급받는 수소가스 저장부(400);를 포함하도록 구성되어, 고압수소가스나 액화수소가 다량 저장되지 않아도 구동 시에 필요량만큼 자체적으로 수소를 생성할 수 있어 보다 안전한 수소 자동차를 제공할 수 있다.

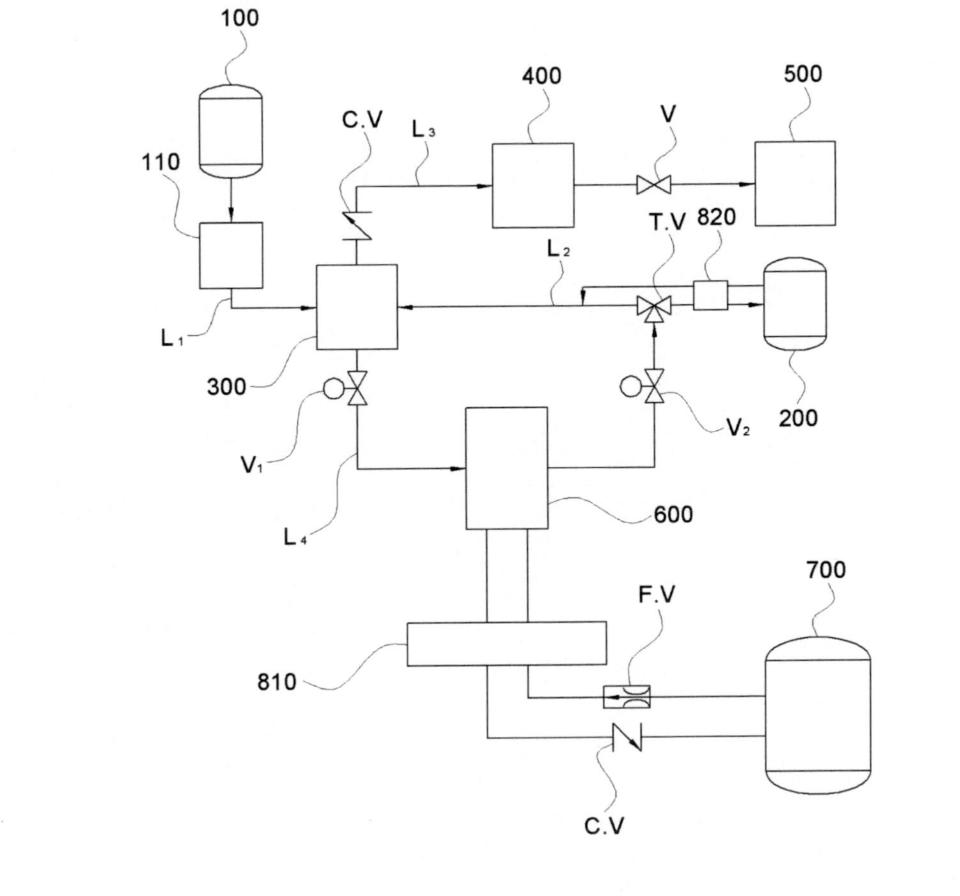

출원번호	1020190028605	등록번호	1021388970000
출원일자	2019.03.13	등록일자	2020.07.22
출원인	이화여자대학교 산학협력단		
특허명	수소연료전지자동차용 바이오매스 연료 처리 시스템		

요약

본 개시의 일 실시예에 따라 수소연료전지자동차용 바이오매스(Biomass) 연료 처리 시스템이 개시된다. 상기 바이오매스 연료 처리 시스템은 투입되는 바이오매스 및 수산화물에 대한 바이오매스 혼합물을 형성하는 전처리부, 상기 전처리부의 일 측에 연결되어 상기 바이오매스 혼합물을 사전 설정된 온도 이상으로 가열함으로써 가스화 반응을 발생시키는 반응 공간을 포함하는 반응기, 상기 반응기의 일 측에 연결되어 상기 가스화 반응에 대한 생성물 중 애쉬(Ash) 형태의 부산물을 필터링하는 필터부 및 상기 반응기 및 상기 필터부 중 적어도 하나의 일 측에 연결되어 상기 생성물 중 수소를 수소 연료 전지로 공급하기 위한 수소 공급부를 포함할 수 있다.

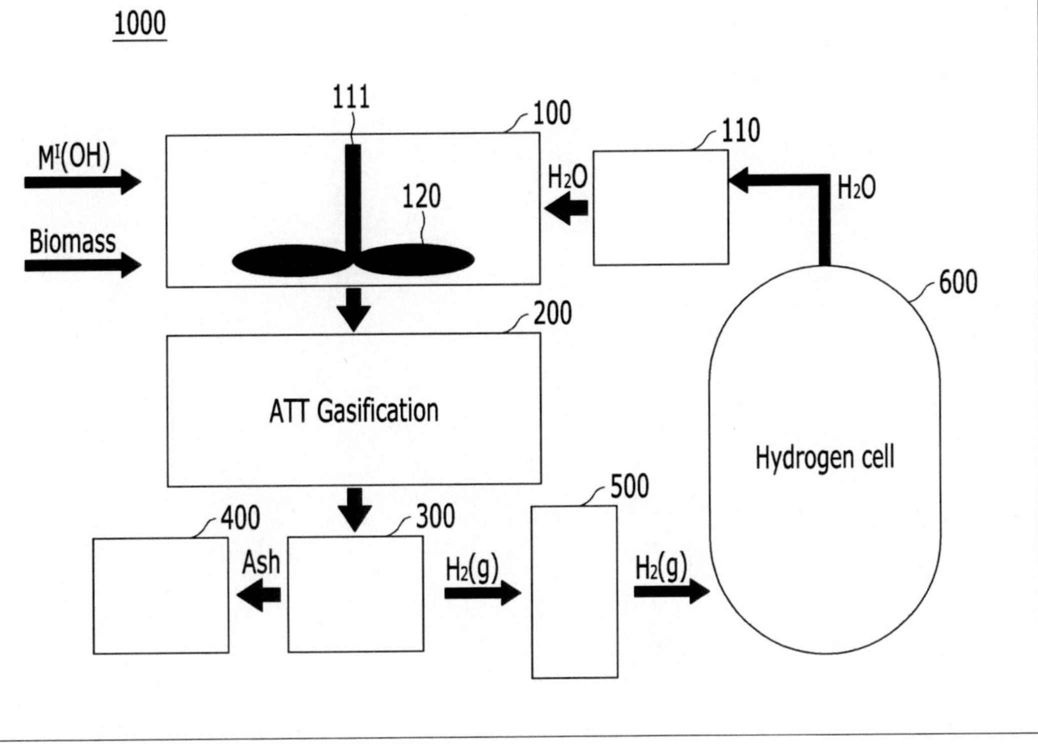

출원번호	1020190054139	등록번호	1020709480000
출원일자	2019.05.09	등록일자	2020.01.21
출원인	(주)대하		
특허명	이동식 수소 평가 검사 설비장치		

요약

본 발명은 이동식 수소 평가 검사 설비장치에 관한 것이다. 보다 상세하게는, 수소자동차에 수소를 충전하기 위해 수소충전소에 구비되는 디스펜서(Dispenser)에서 수소가 수소자동차로 공급될 때, 수소의 압력과 온도 상태가 정상상태를 유지하며 수소자동차에 공급되는지 여부, 수소자동차에 공급되는 수소가 정량으로 공급되는지 여부, 공급되는 수소의 순도를 포함하여 다양한 수소 평가 검사를 수행할 수 있고, 수소의 평가와 검사를 위해 수소가 충전되는 다수의 실린더는 병렬적으로 연결되어 모듈화할 수 있어 여러 대의 디스펜서에서 공급하는 수소를 동시에 검사하거나, 다량의 수소를 빠른 시간 내에 검사할 수 있으며, 디스펜서에서 공급되는 수소의 상태와 정량 및 순도를 검사하기 위해 구비되는 다양한 기기들은 이동식 트레일러에 구비되어 원격지에 위치한 수소충전소로 직접 이동하여 수소의 평가 검사할 수 있는 이동식 수소 평가 검사 설비장치에 관한 것이다.

이를 위해 본 발명은 디스펜서와 연결되어 디스펜서로부터 수소가 유입되는 디스펜서연결부(10); 디스펜서연결부(10)로부터 유입된 수소가 충진되는 하나 이상의 실린더(52)가 병렬적으로 연결되어 하나의 모듈을 형성하는 수소실린더모듈(50); 수소실린더모듈(50)을 구성하는 각 실린더(52)에 충진된 전체 수소의 무게를 수소실린더모듈(50) 단위 별로 측정하기 위해 구비되는 수소무게측정기(70); 및 수소실린더모듈(50)을 구성하는 각 실린더(52)와 연결되어 실린더(52)에 충진된 수소를 공기 중으로 배출하기 위한 벤트(80)를 포함하고, 수소실린더모듈(50)과 수소무게측정기(70)는 이동식 트레일러(500)에 설치되어 이동이 가능한 것을 포함하는 이동식 수소 평가 검사 설비장치를 제공한다.

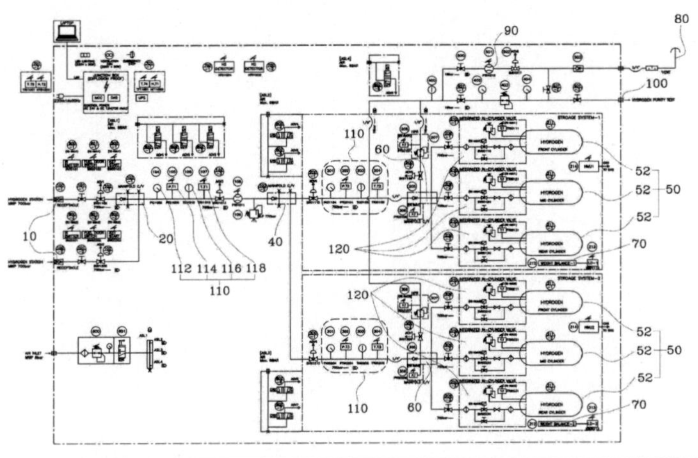

출원번호	1020190110633	등록번호	1021919420000
출원일자	2019.09.06	등록일자	2020.12.10
출원인	주식회사 코렌스		
특허명	수소연료전지 자동차용 이온교환수지 카트리지		

요약

상기와 같은 목적을 달성하기 위한 본 발명에 의한 이온교환수지 카트리지는, 상하가 개방된 원통 형상의 몸체; 상기 몸체의 수직방향 중심축을 지나도록 배열되는 센터봉; 상기 몸체의 상단과 상기 센터봉의 상단을 덮는 상측여과망; 상기 몸체의 하단과 상기 센터봉의 하단을 덮는 하측여과망; 상기 하측여과망의 저면과 이격되면서 상기 하측여과망의 하측을 덮도록 상기 몸체의 하단에 결합되는 언더캡; 상기 하측여과망과 상기 언더캡 사이로 냉각수를 유입시키도록 상기 언더캡의 중심부에 연결되는 유입관; 상기 유입관이 끼워맞춤 방식으로 삽입 가능한 형상으로 형성되어 상기 센터봉의 상단에 연결되는 유출관;을 포함하여 구성된다. 본 발명에 의한 이온교환수지 카트리지는, 이온필터의 규격에 따라 다양한 크기로 결합 및 분리될 수 있고, 하우징으로부터의 탈거가 용이하고, 다양한 구조의 하우징에 공용으로 사용될 수 있다는 장점이 있다.

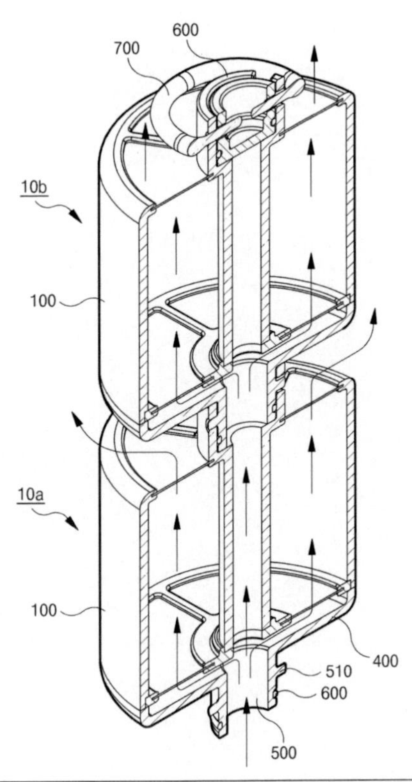

출원번호	1020180166986	등록번호	1021679860000
출원일자	2018.12.21	등록일자	2020.10.14
출원인	한밭대학교 산학협력단		
특허명	수소 발생 장치		

요약

본 발명은, 증기를 전기 분해하여 수소를 생산하는 장치로서, 가열 대상인 물을 공급하는 물 공급부; 가연성 폐기물을 소각하고, 소각에 의해 발생된 열을 이용하여 제1 증기를 발생시켜 배출하는 증기 발생부; 상기 증기 발생부에서 발생된 상기 제1 증기를 재가열하여 온도와 압력을 상승시켜 제2 증기로 배출하는 재가열부; 상기 재가열부에서 배출되는 상기 제2 증기를 수전해 처리하여 수소를 생산하는 수소 생산부; 상기 증기 발생부에서 상기 재가열부로 상기 제1 증기를 이동시키는 제1 증기 공급관; 및 상기 재가열부에서 상기 수소 생산부로 상기 제2 증기의 온도를 유지하며 이동시키는 제2 증기 공급관;을 포함하는 수소 생산 장치를 제공한다.

본 발명은, 폐기물을 소각하여 얻은 열을 이용하여 증기를 생산하고, 화석 연료를 사용하여 생산된 증기를 승온시킨 후 수전해 공정에 의해 수소를 생산할 수 있다.

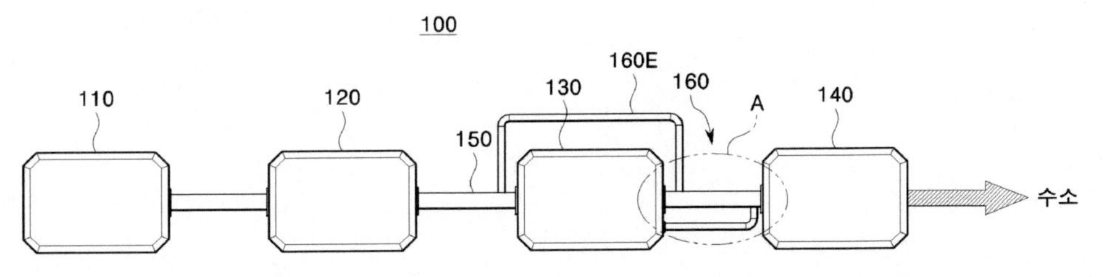

출원번호	1020180103319	등록번호	1019874590000
출원일자	2018.08.31	등록일자	2019.06.03
출원인	(주)모토닉		
특허명	수소 연료전지 차량용 리셉터클		

요약

수소 연료전지 차량용 리셉터클에 관한 것으로, 서로 결합되고 연료를 공급하는 충전노즐과 결합되어 연료를 충전하는 제1 바디와 제2 바디, 상기 제1 바디의 내부에 설치되고 충전되는 연료를 여과해서 이물질을 제거하는 필터부 및 상기 제2 바디 내부에 설치되고 충전되는 연료의 역류를 방지하는 밸브부를 포함하고, 상기 필터부와 밸브부 사이에는 상기 제1 바디의 하단부와 제2 바디의 상단부 사이를 실링하는 밀폐부재 및 상기 밀폐부재와 밸브부에 마련되는 원통부재 및 상기 원통부재 내부에 승강 가능하게 설치되어 연료가 충전되는 유로를 개폐하는 밸브체 사이를 실링하는 제1 및 제2 시트가 설치되며, 상기 제1 및 제2 시트는 각각 서로 다른 직경을 갖는 링 형상으로 형성되고, 연료의 충전압력이 미리 설정된 저압부터 고압 구간에 대응되도록, 서로 다른 재질의 재료를 이용해서 제조되어 서로 다른 강도를 갖는 구성을 마련하여, 체크밸브의 상단에 서로 다른 강도를 갖는 2개의 시트를 적용해서 연료의 누설을 방지할 수 있다.

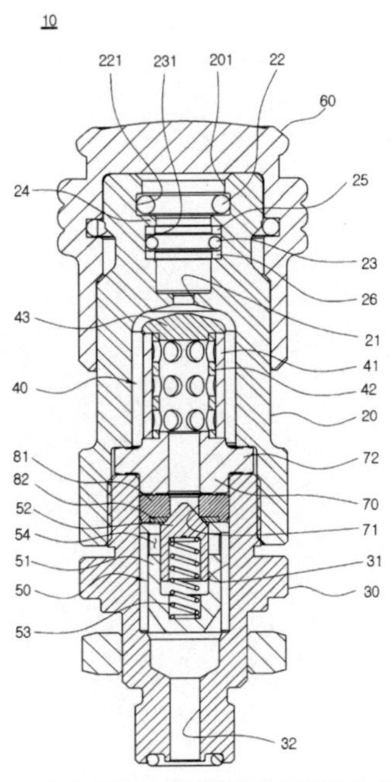

출원번호	1020190040566	등록번호	1021670700000
출원일자	2019.04.08	등록일자	2020.10.12
출원인	울산대학교 산학협력단		
특허명	개별제어밸브에 의한 붐 에너지 회생 수소연료전지 굴삭기		

요약

본 발명은 개별제어밸브에 의한 붐 에너지 회생 수소연료전지 굴삭기에 관한 것으로, 본 발명에 따른 개별제어밸브에 의한 붐 에너지 회생수소연료전지 굴삭기는 붐 실린더; 상기 붐 실린더를 유압에 의하여 작동시키는 유압펌프; 상기 유압펌프와 연결되어 상기 유압펌프를 작동시키는 구동모터; 상기 붐실린더에 연결된 유압식모터; 상기 유압식모터에 의해 구동되어 회생 에너지를 생성하는 발전기; 상기 구동모터에 전력을 공급하고 상기 발전기에서 생성된 회생에너지를 전달받아 저장하는 전원부; 상기 유압펌프, 상기 붐 실린더, 상기 유압식모터와 연결되어 상기 붐 실린더의 작동 모드를 변환시키는 다수개의 개별제어밸브; 상기 붐 실린더와 상기 유압식 모터에 연결된 탱크; 및 상기 탱크, 상기 개별제어밸브와 상기 유압식모터에 연결되어 에너지 회생 여부를 결정하는 에너지재생밸브;를 포함하며, 상기 전원부는 연료전지 및 수퍼커패시터(Super Capacitor)를 포함하는 것을 특징으로 한다.

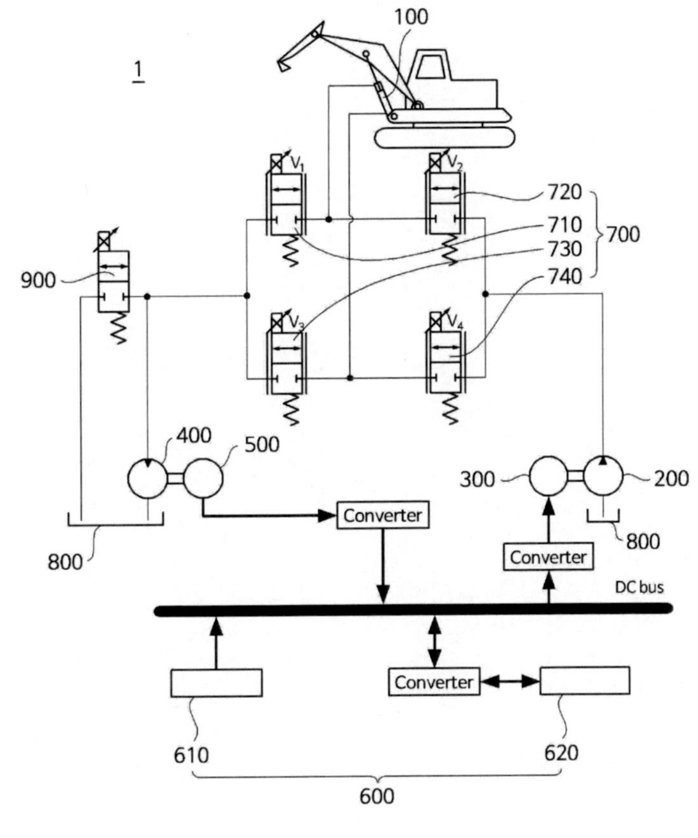

출원번호	1020190134916	등록번호	1020832950000
출원일자	2019.10.28	등록일자	2020.02.25
출원인	주식회사 유한정밀		
특허명	수소자동차 연료전지 금속분리판 성형을 위한 프레스용 코어금형		

요약

본 발명은 수소가스가 이동하는 이동로를 제공하는 수소자동차용 금속분리판을 압착성형시에 해당 금속분리판이 받는 스트레스를 방지하여 신뢰성이 높은 금속분리판을 생산할 수 있게 압축성형시에 발생한 기체를 외부로 배출할 수 있는 파손방지수단이 구비된 프레스용 코어금형에 관한 것으로, 더욱 상세하게는 승강하는 상부금형과 하부금형으로 이루어진 코어금형의 압착을 통해 서로 평행하게 지그재그 방식으로 형성되어 수소가스가 이동하기 위한 이동로를 제공하는 복수의 채널이 형성된 금속분리판을 성형하는 프레스에 있어서, 상기 코어금형은 상기 금속분리판을 압착시에 상기 금속분리판이 받는 스트레스를 방지할 수 있는 파손방지수단을 포함하되, 상기 파손방지수단은 상기 상부금형에 다수 천공형성된 제1에어홀, 상기 하부금형에 다수 천공형성된 제2에어홀 및 상기 제1에어홀은 물론, 상기 제2에어홀과 수직방향으로 서로 마주보게 상기 금속분리판에 다수 천공형성된 관통공을 포함하며, 상기 파손방지수단은 상기 금속분리판을 상기 상부금형으로 압축성형시에 그 압축으로 인한 기체가 상기 관통공과 연통되는 상기 제1에어홀 및 상기 제2에어홀로 배출되어 상기 금속분리판이 받는 스트레스를 방지하도록 하는 것을 특징으로 한다.

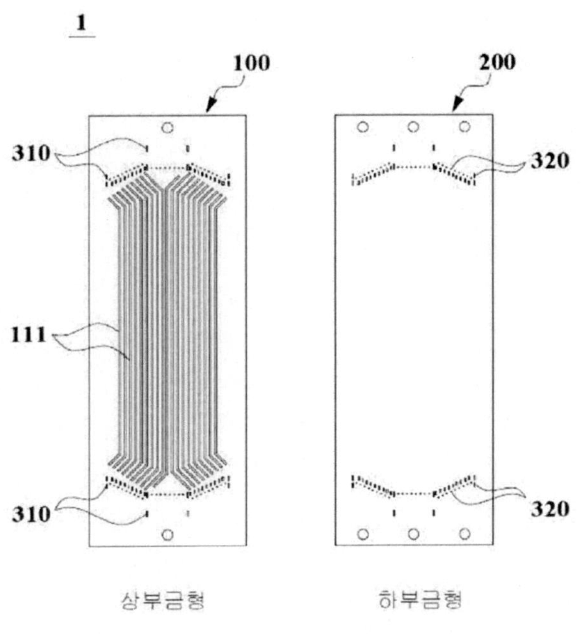

출원번호	1020150097525	등록번호	1017558050000
출원일자	2015.07.09	등록일자	2017.07.03
출원인	현대자동차주식회사		
특허명	수소연료전지 차량의 수소탱크 내 리크 감지 장치 및 방법		

요약

본 발명은 수소연료전지 차량의 수소탱크 내 리크 감지 장치 및 방법에 관한 것으로, 더욱 상세하게는 차량의 키 오프 시 웨이크업(wakeup) 동작을 수행하는 과정에서 수소탱크 압력을 대변할 수 있는 고압 압력센서의 센싱값(즉, 수소탱크 압력) 변화를 기반으로 수소탱크 내 솔레노이드밸브의 기밀 불량에 의한 리크를 감지하고 리크 상태 및 정도를 판단하는 수소연료전지 차량의 수소탱크 내 리크 감지 장치 및 방법을 제공하는데 그 목적이 있다.

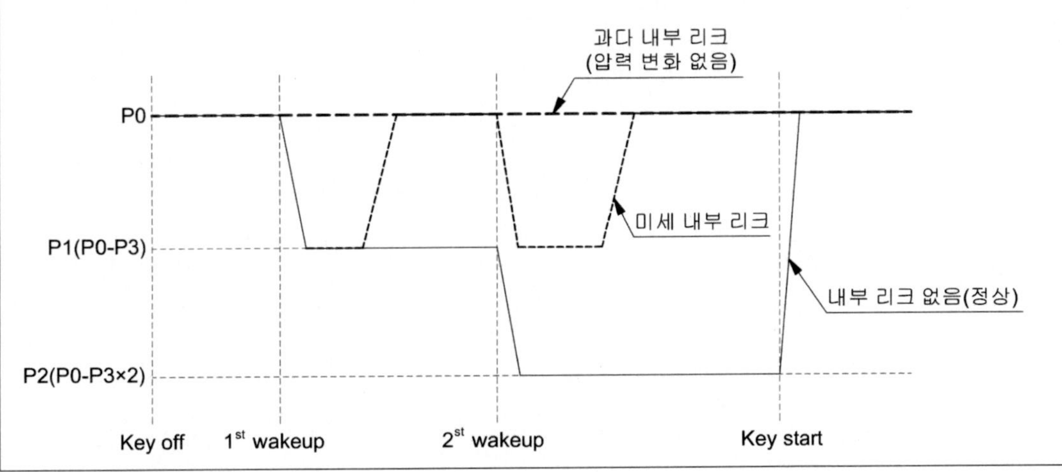

7

수소자동차 정책 동향

7. 수소자동차 정책 동향

 2018년 초 이후 주요국은 수소 관련 정책을 연이어 발표하고 있다. 표면적으로 일본, 한국, 유럽, 중국 등이 주도하고 있다. 일본은 2020년 수소연료전지로드맵을 기반으로 수소산업 육성 정책을 추진하고, 미국은 캘리포니아 주도로 2030년 목표를 세웠다. 독일은 재생에너지 활용의 연장선으로 수소경제의 카드를 꺼내고 있으며, 호주도 2019년 국가 수소 전략을 통해 수소 생산과 수출을 위한 정책을 추진하고 있다. 중국은 '제조2025'를 통해 연료전지 기술 개발, 수소전기차 산업 육성, 수소에너지 기술 개발 등과 관련된 정책과 목표를 제시하고 있다.[60)]

국가	IPHE에서 소개된 주요국의 수소경제 정책 추진 현황[61)]
미국	2021년 11월 초당적 인프라 투자 법안(Bipartisan Infrastructure Law, BIL) 통과로 수소분야 약 95억 달러 투자 예산 확보 *청정수소 허브 구축 80억 달러, 수전해 프로그램 10억 달러, 수소 제조 0.5억 달러 등
중국	2022년 3월 국가발전개혁위원회와 국가에너지국은 2035년까지 모든 산업영역에 수소 활용을 목표로 '수소에너지산업 중장기 발전계획' 발표
일본	세계 최초로 액화수소 해사운송 실증 완료 (호주→일본), *경제산업성 주관 '수소정책위원회' 출범
영국	2022년 4월 '에너지안보전략' 발표, 에너지 자립을 위해 2030년 저탄소 수소 생산목표를 5GW에서 10GW로 확대
독일	신정부 출범에 맞춰 수소정책 강화, 수전해 용량 목표 확대(5GW→10GW), 독일 이온(Eon)은 호주 포테스큐(Fortescue)와 그린수소 공급망 구축 협약 체결
프랑스	프랑스 2030의 일환인 '그린수소 선도국으로 도약' 목표 달성을 위해 수소분야 기존 72억 유로(9.6조원) 예산 추가
UAE	저탄소 수소 시장의 글로벌 리더가 되기 위한 '수소 리더십 로드맵' 발표, 수소 생산·수출을 통해 저탄소 수소 시장 점유율 25% 이상 목표

[표 31] 주요국 수소경제 정책 추진 현황

---

60) KOTRA Global Market Report 22-003 「주요국 수소경제 동향 및 우리기업 진출전략」

국가	2018년 초 이후 수소 관련 정부 정책 발표
독일	독일은 공공적으로 접근할 수 있는 수소연료 충전소, 연료전지 차량, 마이크로 공동 발전 구매에 대한 보조금을 포함한 14 억 EUR 의 민간투자 20 억 EUR 로 보완하기 위해 추가로 10 년간 수소연료전지 기술 국가혁신 프로그램을 승인. 수소 구동 열차의 첫 상업적 운행을 지원했으며, H2 모빌리티 프로그램이 있기는 하지만, 국내에서 가장 큰 연간 충전소 확대 지원
인도	대법원은 대기오염 대처 위해 델리에 연료전지버스 사용 조사 요청, 정부는 수소 및 연료전지에 대한 연구 제안을 위한 6000 만 INR 투자
이탈리아	수소연료 공급 허용 압력을 높이고 안전, 경제적, 사회적 측면을 강화함으로써 수소연료 공급소 배치의 장벽을 극복하기 위한 규정을 발표
일본	일본은 21 개국 및 기업 대표들의 첫 수소 에너지 장관 회의를 개최, 도쿄 공동 성명을 발표. 수소 및 연료전지 비용 및 배치의 새로운 목표와 발전소에서 수소 운반선 등 기본 수소 전략을 구현하기 위한 전략 로드맵을 업데이트. 일본 개발은행은 일본 중앙정부의 재생에너지, 수소 및 관련 이슈에 관한 각료회의의 지침에 따라 2021 년까지 80 개의 수소연료 충전소를 건설하는 것을 목표로 일본 H2 모빌리티를 출범시키기 위해 기업 컨소시엄에 가입. SIP(Cross-Christic Innovation Program) 에너지 캐리어스 이니셔티브는 업무 프로그램을 종료하고 다음 단계를 지원하기 위해 그린 암모니아 컨소시엄을 출범
한국	한국은 2022 년과 2040 년 버스, FCEV, 충전소 목표치를 담은 수소경제 로드맵을 발간. 2025 년까지 모든 상용차를 수소로 바꾸겠다는 비전을 밝힘. 충전소에 대한 재정 지원을 제공하고 허용을 완화. 그것은 수소 경제를 위한 기술적 로드맵에 적용될 것이라고 발표
네덜란드	네덜란드는 수소 로드맵을 발표하고, 네덜란드 기후협약에 수소에 관한 내용 포함. 서북유럽의 수소에 대한 협력을 지원하기 위해 벨기에, 네덜란드, 룩셈부르크, 프랑스, 독일, 오스트리아의 펜타곤 에너지 포럼의 첫 회의 개최
뉴질랜드	뉴질랜드는 일본과의 수소 공동 프로젝트 협력을 위한 양해각서에 서명. 뉴질랜드 Green Hydrogen Paper 와 수소 전략을 준비. 수소를 상용화하는 기업을 포함한 사업에 투자할 녹색 투자 기금을 설정
노르웨이	노르웨이는 수소로 움직이는 여객선과 연안항로선 개발에 대한 자금 지원 받음
사우디 아라비아	사우디 아라비아의 Aramco 와 Air Products 는 사우디 아라비아의 첫 수소 주유소를 건설할 계획 발표

[표 32] 주요국 2018년 초 이후 수소 관련 정책 발표 내용

---

61) 에코타임스 '에너지 위기 속 각국 수소경제 전환 잰 걸음'

국가	2018년 초 이후 수소 관련 정부 정책 발표
남아공	남아공은 국가의 대도시 및 근교 지역에서 연료 전지 공공 버스 사용을 촉진하기 위해 연료 전지 차량을 녹색 교통 전략의 일부로 포함.
영국	영국은 저탄소 수소 공급의 혁신과 Power-to-X 를 포함한 규모의 스토리지 혁신을 위해 2.2 억 GBP 의 기금을 책정. 건물용 수소를 포함한 장기 열탄화 달성 옵션에 대한 증거 검토를 발표. 영국 천연가스 네트워크의 일부에서 최대 20%의 수소를 혼합해 시험 중. 산업 전략 챌린지 펀드의 1.7 억 GBP 의 공공 투자 지원을 받는 탈탄소화 산업 클러스터 미션 발표
미국	지질저장소 내 CO_2 저장을 보상하는 45Q 세액공제를 확대·증가하고, 수소와의 조합을 포함한 다른 상품으로의 CO_2 전환에 대한 보상 규정을 추가. 캘리포니아는 2030 년까지 탄소의 보다 엄격한 감소를 요구, 충전소의 개발을 장려, CCUS 사업자가 저탄소 수소로부터 크레딧을 생성하는 데 참여할 수 있도록 저탄소 연료 표준을 개정. 캘리포니아 연료전지 파트너십은 2030 년까지 1,000 개의 수소연료 충전소와 1,000,000 개의 FCEV 의 목표를 중국의 목표와 일치 시킴

[표 33] 주요국 2018년 초 이후 수소 관련 정책 발표 내용

가. 해외 정책 동향

1) 일본의 수소전략

일본은 2017년 12월 수소기본전략을 통해 2030년까지 수소연료전지차 80만대, 수소버스 1,200만대, 수소충전소 900개소, 가정용 연료전지 530만대, 수소 발전단가 17엔/kWh을 목표 했다. 수소연료전지차와 가정용 연료전지(에네팜)의 확대를 기반으로 저비용 수소 이용과 액화 수소, P2G, 해외 생산 등 수소 공급 체인 개발에 주력하는 모습이다.

공급 측면에서는 국제 수소 공급망을 구축해 호주 갈탄 등 해외 미이용 에너지를 활용할 계획을 밝혔다. 2030년 이후 연간 30만톤 조달, 공급비용 30엔/Nm² 수준으로 저감하고, 재생에너지, 미이용 지역자원(폐플라스틱, 부생수소 등) 적극 활용할 예정이다. 활용 측면에서는 수소 발전을 통한 안정적이고 다량의 소비를 계획하고 있다. 2030년 상용화, 17엔/kWh, 수소 조달 연간 500만~1,000만t 이상(발전용량 15~30GW)을 목표하고 있으며, 수소연료전지차, 선박, 기차, 지게차 등 수송부문 분야의 수소 이용을 확산할 예정이다. 특히 수소연료전지차는 2025년 20만대, 충전소는 2025년 320개소를 구축하고 가정용 연료전지(Enefarm)를 활용한 에너지 절감을 목표로 하고 있다.

수소기본전략('17) 목표				수소·연료전지 전략 로드맵 목표	접근방안
이용	수송	FCEV - '25년까지 20만대 - '30년까지 80만대	'25년	- FCEV와 HEV 가격차: 현대 300만엔 → '25년 70만엔 - 연료전지시스템 가격: (연료전지) 현대 2만 엔/kW → '25년 5,000엔/kW (수소저장시스템) 현재 70만엔 → '25년 30만엔	- 철저한 규제 개혁 및 기술 개발
		HRS²⁾ - '25년까지 320개소 - '30년까지 900개소	'25년	- 구축비: '16년 3.5억엔 → '25년 2억엔 - 운영비: '16년 3,400만엔 → '25년 1,500만엔 - 충전소 설비 가격: 압축기 '16년 0.9억엔 → '25년 0.5억엔 축열기 '16년 0.5억엔 → '25년 0.1억엔	- 전국 단위의 충전 네트워크 확대 - 운영시간 확대(주말) - 가솔린 충전소, 편의점 등에 충전소 확대
		버스 - '30년까지 1,200	'25년	연료전지 버스 가격: 1억 500만엔 → '25년 5,250만엔	- 연료전지 버스용 HRS 구축 확대
	발전	- '30년까지 상용화	'20년	- 수소 발전 효율성: 26% → 27% *1MW 규모	- 고효율 연소기 등 기술 개발
	연료전지	- 그리드 패리티 초기 도달(자립화)	'25년	- 업무 및 산업용 연료전지의 '25년 그리드 패리티 실현 * 폐열 이용 포함	- 연료전지 셀/스택 기술 개발
공급	화석연료 +CCS	수소가격 - '30년까지 30엔/Nm³⁾⁴⁾ - 장기적으로 20엔/Nm³	'20년 초반	- 생산(갈탄 이용한 개질수소): 수백엔/Nm³ → 12엔/Nm³ - 저장 및 운송: (액화수소탱크) 수천m³ → 5만m³ (수소 액화기술 효율성) 13.6kWh/kg → 6kWh/kg	- 갈탄으로부터 수소를 추출하는 가스화 기술 효율성 제고 - 극저온 지속 유지가 가능한 수소저장탱크 개발(단열성 확보)
	그린 H₂	- 수전해 시스템 비용 5만엔/kW 달성(장기)	'30년	- 알칼라인 수전해 시스템 비용: 20만엔/kW → '30년 5만엔/kW - 알칼라인 수전해 장치 에너지 소비량: 5kWh/Nm³ → '30년 4.3kWh/Nm³	- FH2R⁵⁾가 있는 후쿠시마현 등을 대상으로 수소 관련 기술 집중 적용 → 수소사회 모델 도시 구현 - 수전해 장치 효율성·내구성 향상

자료: 현대차그룹 글로벌경영연구소, 현대차증권

주: 1) 굵은 글씨: 신규 목표 등. 1차 개정판 이후 수소사회 실현을 위한 요소 기술 개발 및 가격 저감 목표 및 액션플랜 등 추가; 2) HRS(Hydrogen Refueling Station): 수소충전소; 3) CCS(Carbon Capture and Storage): 탄소 포집 및 저장 기술; 4) 현재(~100엔/Nm³)의 1/3 수준; 5) FH2R(Fukushima Hydrogen Energy Research Field): 후쿠시마 수소에너지 연구 필드:

[그림 81] 일본의 수소기본전략

2) 중국의 수소전략

 중국은 2016년 중국 공신부가 발표한 에너지 절약 및 신에너지차 기술 로드맵에 따르면
2030년 수소연료전지차의 상용화를 목표하고 있다. 2030년까지 수소연료전지차 100만대, 수
소 충전소 1,000개소를 목표하고 있으며, 신재생에너지 및 원자력 이용, 메탄의 개질 등을 통
한 수소 제조 기술을 중점 개발할 계획이다.
 중국 내 25개의 연료전지 시스템 기업은 있지만 핵심기술이 부재해 글로벌 업체와의 제휴를
통한 기술 확보 노력을 지속하고 있다. 단기적으로 다양한 수소연료전지차 모델 확보를 위해
완성차 업체가 연료전지를 Ballard(캐나다)나 Hdrogenics(캐나다), PowerCell(스웨덴) 등을
통해 아웃소싱해서 대응하고 있는 점이 특징이다.

구분	내용
2016~2020	대용량 전력 배터리와 혼합된 중형 연료 전지를 특정 지역의 공공 차량 서비스에서 대규모 연료전지 차량 시연을 실현해 나갈 것으로 기대
2021~2025	중형 전력 배터리와 혼합된 대용량 연료 전지를 연료 전지 자동차의 대규모 상업화를 실현할 것으로 기대
2026~2030	풀 파워 연료 전지가 민간 승용차와 대형 상용차 백만단위 상용화 추진을 실현해 나갈 것으로 예상, 수소 에너지 공급 시스템은 주로 연료 전지 차량 개발을 지원할 재생 에너지로 공급될 예정

[표 34] 중국의 수소연료전지차 기술 개발 계획

구분		~2020년	~2025년	~2030년(상용화수준)
종합목표		- 특정 선별지역 내 공공차량 소규모 시범 운영 (5,000대) - 기업당 연료전지시스템 1,000개 이상 생산	- 도심 내 승용 및 서비스 차량 위주의 대규모 운용(운용지역 확장, 5만 대) - 기업당 연료전지시스템 10,000개 이상 생산	- 대규모의 승용 및 상용차량 상용화 (100만 대) - 기업당 연료전지시스템 10만 개 이상 생산
수소차	기능	- (냉시동성) 영하 30℃, 동력시스템 구조 최적화 - 하이브리드형(저전력 연료전지+고용량 배터리) - 전기차 수준 제조비용	- (냉시동성) 영하 40℃, 소규모 생산 - 하이브리드형(고전력 연료전지+중용량 배터리) - 동급 HEV 수준 제조비용	- 내연기관차 수준 성능 및 제품 경쟁력 우위 확보 * 전력, 경제성, 내구성, 환경적합성 및 비용 측면 - 수소 100% 이용
수소차	상용	제조비 150만 위안 이하	제조비 100만 위안 이하	제조비 60만 위안 이하
수소차	승용	- 시속 160km/h 이상 - 수명 20만km - 제조비 30만 위안 이하	- 시속 170km/h 이상 - 수명 25만km - 제조비 20만 위안 이하	- 시속 180km/h 이상 - 수명 30만km - 제조비 18만 위안 이하
공통 핵심기술	스택	- (수명) 5,000시간/10,000시간 - (냉시동성) 영하 30℃ - (소재비) 1,000위안/kW - (출력) 70kW - (에너지밀도) 2kW/kg	- (수명) 6,000시간/20,000시간 - (냉시동성) 영하 40℃ - (소재비) 500위안/kW - (출력) 90kW/120kW - (에너지밀도) 2.5kW/kg	- (수명) 1) 8,000시간/ 2) 30,000시간 - (냉시동성) 영하 40℃ - (소재비) 150위안/kW - (출력) 120kW/170kW - (에너지밀도) 3.0kW/kg
공통 핵심기술	기초소재	- 고성능 박막(membrane) 재료 - 저백금 촉매, 금속 분리판	- 박막/촉매/분리판 신뢰성 개선	- 전극 접합체/박막/분리판 비용 저감
공통 핵심기술	제어	- 연료전지 시스템 제어기능 최적화	- 연료전지 신뢰성 개선	- 연료전지 비용 저감
공통 핵심기술	수소저장	- 수소공급시스템 핵심부품 개발(탄소섬유, 압력저감밸브 등) - 고압(70MPa: 국제기준) 수소저장용기 개발	- 수소공급시스템 핵심부품 신뢰성 확보 - 70MPa 수소저장용기 대량 생산	- 수소 공급 시스템 비용 저감 - 고밀도 수소 저장 용기 개발
인프라	수소생산	- 부생수소 이용 - 잉여 재생에너지 발생 시 수소 생산 등	- 재생에너지 이용 수소 생산 중심 - 수소충전소 현지(on-site) 생산도 가능	- 재생에너지 이용 수소 생산 확대 → 분산형 수소 생산 시스템 구축
인프라	운송	- 고압 수소 저장 및 운송	- 고압 수소 및 액화수소 형태 저장 및 운송	- 상압 고밀도 액화수소 저장 및 운송
인프라	충전소	- 100개소(35MPa/70MPa)	- 300개소(35MPa/70MPa) - 복합충전소 형태 확대(주유소, 전기차 충전소 포함)	- 1,000개소(35MPa/70MPa)

자료: 에너지 절약 및 신에너지차 기술 로드맵(중국 공신부,'16), 현대차증권

주: 1) 승용차 기준; 2) 상용차 기준; 3) '20년 미라이(연료전지 출력 114kW 등)와 동등한 수준의 연료전지 시스템 성능 및 '25년 미라이 이상의 성능 구현을 목표; 4) '15년 기준 수소충전 압력 35MPa

[그림 82] 중국 수소전기차 중장기 발전 로드맵

3) EU의 수소전략[62]

EU 집행위원회는 「유럽 그린딜」에서 제시한 2050년까지 탄소 중립 달성을 목표로, 경제활성화와 에너지전환의 핵심에너지원인 수소의 활용 확대를 위한 「유럽 수소전략(EU Hydrogen Strategy)」(2020.07)을 발표했다.

본 전략은 그린수소(Renewable Hydrogen) 활용을 정책의 우선순위로 두고, 2030년까지 시장규모 확대, 2050년까지 청정수소로의 전환을 목표로 하고 있다. 이에 단·중기적으로는 그린수소 생산 설비 확충, 저탄소 수소 활용에 대한 탄소배출 감축 및 수소 시장을 형성하고 장기적으로는 재생수소가 사용되는 산업 범위를 확대할 계획이다.

단계	주요 추진 전략
1단계 (2020~2024)	- 6GW 이상 규모의 수전해 설비 구축 및 최대 100만 톤 그린수소 생산 - GW 단위의 그린수소 생산을 위해 대규모 풍력, 태양광 발전소 설립
2단계 (2025~2030)	- 40GW 이상 규모의 수전해 설비 구축 및 최대 1,000만 톤 그린수소 생산 - 저탄소 수소 활용에 따른 탄소 배출 저감을 위해 탄소포집(CCS, Carbon Capture and Storage) 기술을 활용 - 산업이나 교통수단 외 주거/상업용 건물 난방에도 수소가 이용되는 '수소 밸리' 개발 - 범유럽 수소 그리드 및 수소충전소 설치계획 수립 - 동유럽 및 지중해 국가들과의 수소 교역
3단계 (2030~)	- 항공, 선박, 산업·상업용 건물 등 탈탄소화가 어려운 광범위한 분야에 그린수소 사용 확대

[표 35] 「유럽 수소전략」 단계별 주요 추진 전략

수소 인프라 확충이 가장 활발한 독일의 경우 최근 「국가 수소 전략(National Hydrogen Strategy)」(2020. 06)을 발표했다. 이는 유럽의 탄소 중립 이행과 더불어 철강·화학 산업, 교통 부문의 탈탄소화 및 수소 시장 확대를 위한 것으로, 그린 수소로의 전환을 위해 수전해 생산 설비 확충[63], 국제 협력을 통해 재생에너지 잠재력이 높은 국가에서 그린 수소 생산 병행 추진 설비 확충 계획을 담고 있다.

독일은 그린 수소로의 전환과 더불어 과도기적으로는 CCS 기술을 활용한 저탄소 수소 생산 방식을 허용하여 온실가스 배출 저감을 병행으로 추진할 전략이다.

---

62) 한국형 수소경제의 지속가능한 실현을 위한 정부 연구개발 역할, 한국과학기술기획평가원, 2020
63) '30년까지 그린 수소인 수전해 생산 설비를 5GW 구축하고 '35년까지 총 10GW 규모의 생산

4) 미국의 수소전략[64]

미국은 2013년 민관 파트너십인 'H2USA'와 'H2FIRST'를 설립하고, 민간 기업과 정부 기관
이 함께 수소전기차 보급 확대를 위해 노력하고 있다. 2021년 기준 미국 수소차 보급 대수는
약 3,256대로 세계2위이며, 차량 외 인프라 구축에도 적극적이다. 특히 캘리포니아주에는 현
재 48개 충전소가 운영 중이며, 2023년까지 매년 240억 원을 투자해 2030년까지 1,000개 충
전소를 구축할 계획이다.

수소전기차		수소충전소	
2021년	2030년	2021년	2024년
약 3,000대	100만대	48기	100기

[표 36] 캘리포니아주 수소전기차, 수소충전소 보급 계획

생산·이송 부문에서는 대표적으로 'WIND2H2'프로젝트가 진행 중이며, 풍력 발전으로 생산
한 수소를 LNG 파이프라인으로 이송할 계획이다. 이를 통해 미국은 신재생에너지로 수소를
생산해 친환경성을 극대화하고, 이송은 기존 공급망을 활용하여 경제성을 확보할 계획이다.
현재 1,600마일 이상의 수소파이프라인이 구축된 상태로 향후 4개의 신규 액체 수소플랜트
구축 계획도 수립했다.

---

64) 한국형 수소경제의 지속가능한 실현을 위한 정부 연구개발 역할, 한국과학기술기획평가원, 2020

나. 한국의 수소전략[65]

우리나라 수소정책은 수송산업(수소전기차) 및 발전산업(연료전지)의 양축을 중심으로 이루어져있으며, 이전의 수소정책도 주로 이러한 산업분야를 중심으로 추진되어왔다. 2019년 1월 수소경제활성화 로드맵을 발표한 이래, 2020년 2월 세계 최초로 수소경제법을 제정하고 2020년 7월 수소경제위원회를 구성하는 등 수소경제 전환을 위한 제도적, 법적 기반을 빠르게 마련하는 모습이다. 특히, 정부는 국내 기업들이 경쟁우위를 나타내고 있는 수소 활용 분야(수소차 및 연료전지)에 정책 지원을 집중하는 등 해당 분야를 중점적으로 육성·지원 한다는 전략이다.

반면, 국내 중장기 수소 생산·공급 기반은 부족한 편이므로 수소생산 및 해외 조달 분야에서의 사업계획 구체화와 수소 생태계 밸류체인 전반에 걸친 균형 있는 지원정책 수립이 필요해 보인다. 정부 정책 기조에 맞추어 국내 주요 그룹들도 수소사업을 추진하고 있는데, 현재의 상용화·기술개발 수준과 시장지위, 기존사업부문과의 연계성, 탄소배출 저감을 위한 사업 전환의 불가피성 등에 따라 상이한 전략을 나타내고 있다.[66]

국내 주요 그룹사별 수소사업 추진 현황

구분		현대차	SK	두산	효성	한화	포스코	현대중공업	롯데
생산	그레이(부생 및 개질)	○	○		○		○	○	○
	블루(CO_2 포집)		○				○	◐	○
	청록(메탄 분해)		◐						
	그린(수전해 등)		◐	○		○	○	○	○
저장	액화수소프랜트 구축 등		○	◐	◐				◐
운송	운송선박, 저장용기 등	○			●	◐	○	○	○
활용	모빌리티(수소차 등)	◎						○	
	연료전지	●	◐	●			●	◐	
	수소발전		◐	●		◐	●	◐	○
	충전	○	○		◐	○		○	●

주) 각 기호 별 아래의 의미로 그룹사별 수소사업 진행 현황을 표시함   자료: 각 사 공시 및 업계자료, 당사 재가공
- ◎ : 글로벌 M/S 1위 등 시장 영향력 높음   ● : 상용화 완료하여 현재 생산/판매/운영 중
- ◐ : 각 사업 별 글로벌 상위권 업체와의 Joint Venture 설립, M&A 등 협업   ○ : 향후 계획 기준이거나, 현재 사업규모 크지 않은 경우

주요 그룹별 수소사업 관련 투자계획 금액(2030년까지)   (단위: 조원)

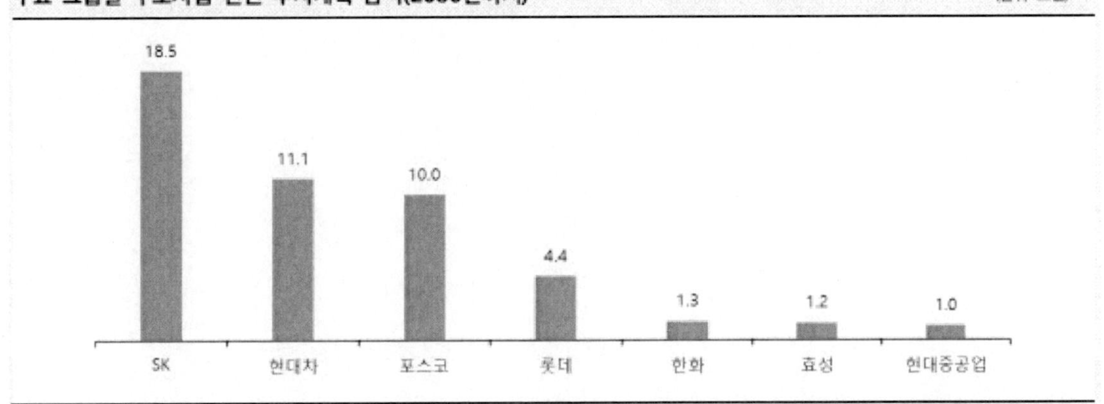

자료: 수소경제위원회 3차 및 각 사 공시자료

---

65) 한국형 수소경제의 지속가능한 실현을 위한 정부 연구개발 역할, 한국과학기술기획평가원, 2020
66) KIS Special Report(2021.09) 「수소경제(Hydrogen Economy), 주요 그룹사별 추진 현황 및 Credit 관점 함의-그룹별 동상이몽(同_狀異夢), 투자부담 감내하며 시장을 선점해야 하는 쉽지 않은 여정

		기반 구축 (~'25년)	경제성 확보 (~'30년)	수소사회진입 (~'30년)	천연가스산업 연관 분야
주요 특징		· 정부 지원 기반 성장 · 민간 참여 확대	· 민간 주도 성장 · 자생적 시장성장 진입	· 비약적 성장 · 글로벌화	
수소 이용	수소 충전소	· 보급 기반 구축 − 410기	· 대용량화, 국산화, 표준화 − 구축 비용 절감, 520기	· 전국적 보급 확산	· 도시 천연가스 개질 융복합 수소충전소 구축 · HCNG 충전소 구축
	수소 전기차	· 초기 보급 − 10만대	· 본격 보급 − 가격경쟁력 확보, 신차시장 10%	· 모터리제이션 (자동차화) 진입	· 천연가스 수요개발 · 천연가스 개질 수소이용 연료전지사업
	연료전지	· 기술개발, 실증사업, 상용화	· 상용화 및 규모 확대	· 규모 확대	
	수소발전	· 기술 개발 및 실증 − 실증 단지 구축	· 규모 확대 및 상용화 − 내구 확보 및 비용절감 − 신지생에너지 발전량 10%	· 분산발전 본격 확산	· 수소 · 천연가스 혼소 수소발전(단 · 중기) · 수소전소 수소 발전(장기)
수소생산		· 부생수소 중심 · 천연가스 개질 수소생산 · 수전해 기술개발/실증	· 개질 생산설비 확대 · 수전해생산 대형화	· 수전해 중심성장 (CO_2-free 수소 주도)	· 천연가스 개질 수소제조
수소저장		· 수소ESS 기술개발/실증	· 수소ESS 대형화, 거점 확대 − 15만톤 규모 확대	· 전국적 공급 기지 구축	
수소운송		· 튜브트레일러 중심 · 파이프라인 실증	· 대용량 운송, 신소재 용기 적용 · 파이프라인 길이 확대	· 전국 수송비용 평준화 · 파이프라인 본격 구축	· 기존 천연가스배관망 활용한 수소 저장 · 운송 · 신규 수소배관망 구축관련 연관 기술

※ [ ] : 천연가스산업 연관 분야(자체 작성)

자료 : 수소융합얼라이언스추진단, 수송용 수소연료의 가격 설정 및 수급체계 구축 방안, 2017. 12

[그림 85] 한국 수소 사회 로드맵(2019년 3월 개정판)

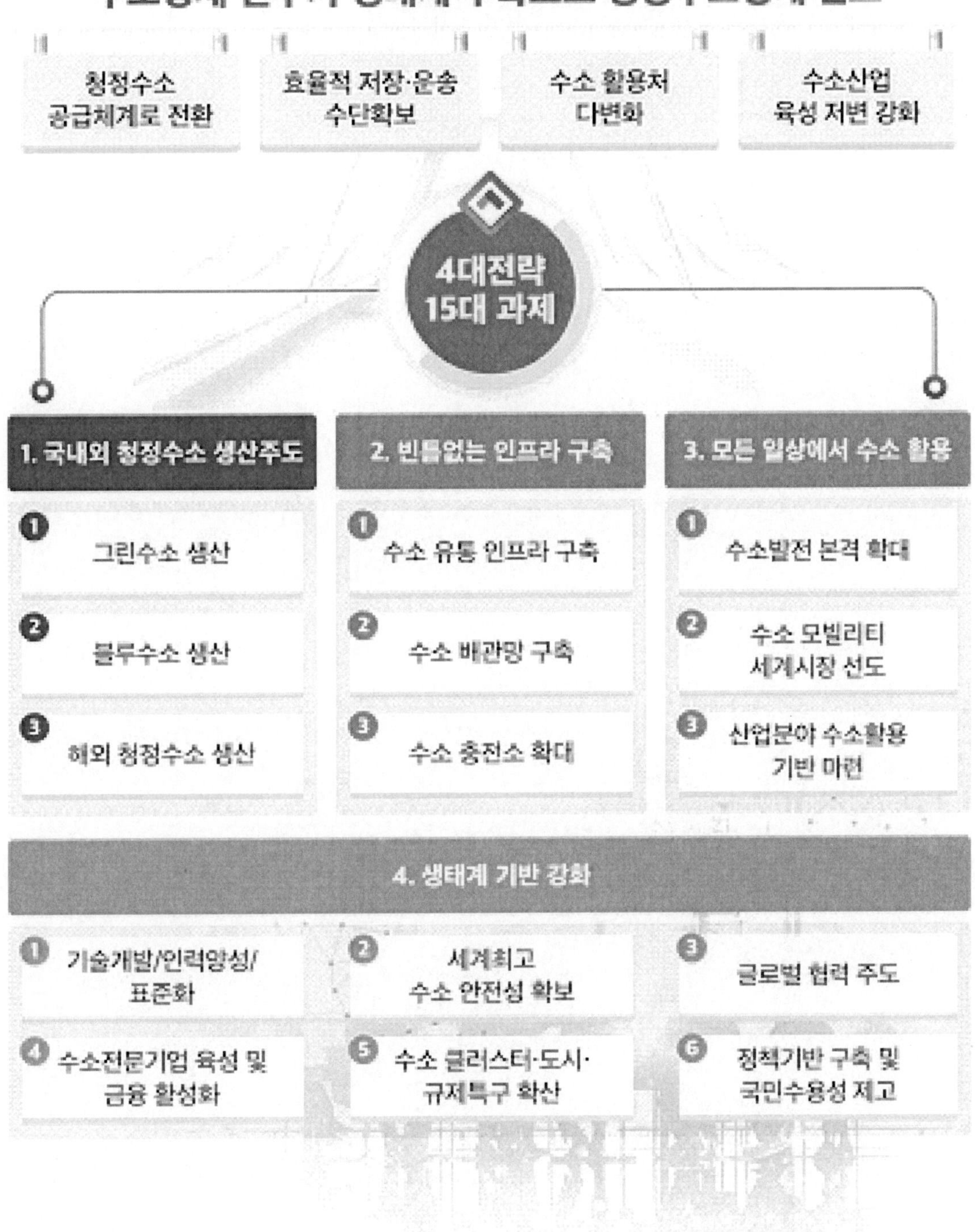

그림 86 제1차 수소경제 이행 기본계획 비전 목표(2021년)

8

결론

8. 결론

가. 국내 잠재력

한국은 대규모 석유화학단지, 전국단위 LNG 공급망 등 생산·공급에 유리한 인프라를 보유하고, 로벌 경쟁력을 갖춘 수소전기차 개발로 연료전지 및 유관 산업 경쟁력을 확보했다. 울산, 여수, 대산 3개 석유화학단지 중심으로 수소차 25만대 분의 수소 생산능력을 보유하고 있으며, 현대자동차는 핵심부품의 99% 이상이 국산화된 수소 승용차 기출시 및 2025년까지 총 1,600대 이상의 수소전기트럭 수출 예정으로 수소전기차 시장 선도할 수 있다.

하지만 생산에서 활용에 이르는 단계별로 일부 기술이 부족하며 수소경제로의 실질적인 전환에 필요한 규모의 경제·산업 적용 경험이 제한적이다. 생산 분야에 있어서는 천연가스 추출수소 및 수전해(알칼리 수전해, 고분자전해질 수전해, 원자력을 이용한 고온 수전해) 등에 대한 기술 및 실증 경험이 부족하여 향후 수요 증가 시 대량공급에 불리하다. 저장과 운송 분야에서는 해외 수소 수입·대량 운송에 필요한 저장기술인 액화·액상기술이 부족하다. 마지막으로, 수소전기차 및 연료전지는 기술 수준은 높으나 보급 규모가 작아 경제성이 부족하며, 미국, 일본, 유럽과 달리 자동차 외의 유망 분야에 수소연료전지 적용 경험이 부족하다.

이러한 문제를 해결하기 위해 수전해 수소생산, 액화 저장·운송 등 친환경적 수소의 대량이용을 위한 원천기술 개발 및 수소 활용성을 높이기 위한 인프라 확대 구축이 필요하다. [67]

나. 수소차와 전기차, 2차전지의 관계

수소차가 보급되면 전기차와 배터리(2차전지)는 필요가 없어지는 것일까? 이에 대한 답은 "아니다" 이다. 전기차와 배터리는 수소차가 보급되면 필요없어지는 것이 아니라 더 필요해진다. 우선 리튬이온 배터리 같은 2차 전지 배터리는 전기차에만 들어가는 게 아니라 수소차에도 들어간다. 수소연료전지에서 바로 전기를 꺼내 쓰는 것만으로는 한계가 있어 전기를 저장할 필요가 있기 때문이다.

또 앞으로 하이브리드, 플러그인, 전기차 등이 점차 늘어날 것이기 때문에 여기에 들어가는 배터리 수요를 대기에도 바쁠 것이다. 업계 예측에 따르면 수소차는 2040년에도 시장의 주류가 되기 어렵다.

또 수소를 만들려면 태양광·풍력 등 재생에너지로 해야 의미가 있는데, 이건 저장이 가능한 배터리가 도와주지 않으면 원활히하기 어렵다. 따라서 수소차가 보급된다고 해도 한국이 강점을 지닌 배터리(2차 전지) 수요는 더 늘어날 수 있다.

---

67) 수소경제의 현 주소와 우리의 과제, 김세엽, Katech, 2020.09

다. 한국의 수소차 기술력의 현실

 그렇다면 이렇듯 수소차가 점차 주목을 받고 있는 시기, 우리나라의 기술력은 어디에 있을까? 과연 현대자동차는 수소연료전지차와 연료전지 기술을 세계적으로 선도하고 있다고 할 수 있을까?

 사실, 현대자동차가 수소연료전지차와 연료전지 기술을 선도하고 있다고 말할 수 있지만 기술력이 독보적이라거나 세계에서 가장 뛰어나다고 말하기는 어렵다. 연료전지·연료전지차 기술력으로는 현대자동차가 20여 년 전부터 개발해왔기 때문에 세계적인 수준이라고 할 수 있다. 그러나 도요타·혼다도 예전부터 개발해왔기 때문에 현대차가 독보적이라 말하기는 어렵다. 특히 캐나다의 발라드 파워 시스템(BallardPower Systems) 같은 회사도 뛰어난 기술력을 자랑한다. 미국도 기술 개발은 40~50년 전부터 해왔다. GM도 우선순위에서 내연기관 다음의 파워트레인으로 전기차에 좀 더 집중하고 있을 뿐이다.

 현대자동차의 넥쏘는 지금까지 나온 수소차 가운데 상품성이 가장 뛰어나다. 한 번 충전으로 가장 멀리 갈 수 있으며 실내공간도 가장 넓고 쾌적하다. 다만 핵심 기술력에서는 아직 도요타에 비교 열위에 있는 부분이 있다.

 우선 연료전지의 출력 밀도 면에서는 도요타의 수소차인 미라이가 약간 더 뛰어나다. 또 수소차의 경우 수소 저장 시스템을 얼마나 콤팩트하게 만들 수 있는가도 기술력 척도로 평가된다.

 도요타 미라이나 혼다의 클래리티는 승용차 기반이고, 넥쏘는 그보다 덩치가 큰 중형 SUV 형태다. 즉 미라이나 클래리티의 수소저장 시스템이 더 작고 콤팩트한 셈이다.

 또 수소저장탱크는 탄소복합재로 감아서 700기압의 초고압을 견디는데, 이를 더 섬세하게 감아 더 가볍고 튼튼하게 만드는 실력은 도요타나 일본 쪽이 아직 앞서는 것으로 전문가들은 보고 있다. 따라서 도요타나 현대차나 서로 비슷한 수준이기는 하지만, 아직 세부 실력에서는 현대차가 더 분발해야 할 부분이 있다.

 다만 소비자들이 사용할 때는 탱크 크기가 크더라도 더 멀리 가면 편리하다. 실제로 넥쏘는 수소탱크 3개를 달아 1회 충전 주행거리를 609㎞까지 늘렸다. 미라이보다 실내공간도 넓고 디자인이나 완성도도 뛰어나다.

9. 참고문헌

1) 수소경제 사회가 인류에 미치는 영향, 데일리포스트
2) 수소경제가 온다, 에너지경제연구원, 2020.08
3) ISO 13600에 따르면 에너지 운반체(energy carrier)는 스프링, 압축공기, 전기 등 에너지를 생산하지 않고, 단순히 다른 시스템에 의해 채워진 에너지를 담고 있는 물질 또는 현상으로 정의함.
4) 수소차! 뼛속까지 파헤치기, BNK 투자증권, 2019.03.06
5) 재생에너지만으로 생산된 수소를 그린 수소로 정의한다면 화석연료 발전 설비가 포함된 일반적인 전력망에 맞물려 생산된 수전해 수소는 그린 수소에서 제외된다. 따라서 수전해에 사요된 전기의 온실가스 배출량이 일정 수준 이하이면 그린 수소로 인정하는 방식이 일반적이다.
6) 암모니아를 수소 운반체로 이용하는 기술로서 밀도가 수소 대비 두 배 높은 수준이며, 끓는 점이 약 영하 33℃로 액화에 필요한 에너지가 낮고 액화(25℃, 8bar)가 용이하므로 저압용기에 저장이 가능하여 현재의 암모니아 저장 및 이송 인프라를 사용할 수 있는 경제적 기술임.
7) MCH 기술은 기체수소의 1/500 수준의 에너지밀도를 유지하여 상온·상압에서 액상으로 장기저장이 가능하며, 선박 및 탱크 등 기존 수송·하역 인프라 활용이 가능하다.
8) MCH 외에도 N-methyl carbazole, Dibenzyl-toluene의 수소화된 화합물이 있음.
9) 수소전기차, KISTEP 기술동향브리프, 2018
10) 글로벌 수소차 시장, '2027년 300조' 전망…연평균 56.7% 성장, 더그루, 2020.08.22
11) 패러다임 변화를 맞이하고 있는 자동차 산업, 뉴딜산업 분석보고서, 한국수출입은행, 2020.12
12) 미래차 국·내외 시장 동향, 손가녕, 2020.03
13) 미래차 국·내외 시장 동향, 손가녕, 2020.03
14) 패러다임 변화를 맞이하고 있는 자동차 산업, 뉴딜산업 분석보고서, 한국수출입은행, 2020.12
15) 투데이에너지 '수소차, 전년대비 판매량 7% 감소'
16) 에너지데일리 '글로벌 수소차 시장, 성장이 멈췄다'
17) 쿠키뉴스 '한국시장 진출 본격화…보폭 넓히는 중국차'
18) IMPACTON '환경부, 2022년 무공해차 누적 50만대 보급 계획 발표… 실현가능할까?'
19) 수소차! 뼛속까지 파헤치기, BNK 투자증권, 2019.03.06
20) 9.5 bar 이상 압력을 견디는 스테인레스 재질의 튜브
21) 액체와 기체를 합쳐 부르는 용어
22) 온도식 자동 팽창 밸브에서 증발기 출구에 부착되어 출구 냉매 상태에 따라 TEV(과도전압) 열림을 조정하는 감온구
23) 시중에 사용되는 가공용 PE는 HDPE로 UHMW-PE는 평균 분자량이 300만 이상의 초고밀도 폴리에틸렌으로 HDPE 대비 우수하지만 가격이 약2배 정도 높다
24) 어떠한 것을 감기위한 원통상의 것. 릴이라고도 함.
25) 테프론의 경우, 중국에서 수입하기 때문에 가격이 비싼 편은 아니지만 최근 환경규제 때

문에 중국에서 테프론 가격이 급등하면서 문제가 되고 있다

26) 일종의 압력 밸브

27) 멀리 떨어져 있는 센서가 측온 대상으로부터 방사(radiation)되는 열(적외선)을 검출하여 온도를 측정하는 방식

28) 서로 마주보고 있는 전극판 간격을 외부로부터의 응력에 의하여 변화되어 전극간의 정전용량이 변화하는 것을 감지하여 압력 측정하는 방식

29) thebell '현대차 깐부 세종공업, 알짜배기 분리판사업 진출'

30) 이젝터는 고압의 수소를 노즐을 이용하여 분사시켜서, 재순환가스와 혼합되는 부분인 챔버의 압력을 크게 낮춤으로써, 스택의 잉여 수소가 재순환가스로서 챔버에 유입되도록 하고, 노즐을 통한 순수 수소와 함께 혼합되어 다시 스택의 입구로 공급

31) 기본적으로 모든 가스 환원 장치나 가스 발산 억제 장치로 사용. 내연기관차에도 사용되고 있음. 수소차에서도 같은 원리로 질소 및 물 등의 불순물을 연료극 외부로 배출시키기 위하여 사용

32) 2020 수소사회 Part1. 연료전지가 온다, SK중소성장기업분석팀, 2020.02.08

33) 불소는 플루오린이라는 강력한 원소로 알킬 구조는 분자내 탄소와 수소로 이루어진 부분을 의미

34) 기본적으로 유리는 결정의 반대를 의미. 한마디로 결정이 없어지고 무질서한 구조를 이루게 된다는 것이 유리전이임. 그래서 유리전이온도보다 높은 온도에서 결정구조가 망가지기 때문에 멤브레인이 부서지게 되는 것. 따라서 유리전이온도는 높을수록 안전성이 높아짐

35) 뽑아서 추출해냄. 일종의 디퓨져

36) 도전성 물질은 전기전도도 자체가 두께와 비례함. 따라서 두께 방향으로 저항 측정할 경우 두께가 두꺼워지면 저항이 증가

37) 공기가 투과하는 정도. 투기도가 높을수록 (공기가 통과하는 시간이 길수록) 밀도가 높은 섬유라는 의미

38) 빠른 이동

39) 평탄하고 매끄러운 도막이 생기는 성질. 고저가 많지 않은 것을 평활성이 좋다고 함

40) 실현 불가능한 두께 ㎛ 이하의 엷은막화 시키는 걸 의미

41) 소수성 표면이란 유기물 계통 중에서 친수성이 적은 것. 폴리에틸렌계, 실리콘발수제, 테푸론, 실리콘수지, 고무계열 제품 등

42) 수소 생산기술 동향 및 시장 선점을 위한 기술 개발 전략, KDB 미래전략연구소, 2020.11

43) CCUS는 이산화탄소 포집, 이용 및 저장을 의미하며, CO_2를 대량 발생원으로부터 포집한 후에 압축수송 과정을 거쳐 육상 또는 해양 지중에 저장하거나 유용한 물질로 전환하는 기술을 의미

44) 포집된 CO_2를 활용하여 산업적으로 유용한 물질로 전환하기 위해서는 외부에서의 추가적인 에너지공급이 필요하고 이에 따른 화석연료의 사용 가능성 발생으로 종래보다 더 많은 CO_2 발생 가능성이 존재

45) 전이금속은 주기율표에서 금속, 준금속, 비금속 원소를 제외한 모든 원소로서, 주기율표상 3~12족원소

46) 글로벌비즈 '녹색 수소기술 전기분해 특허 붐…연간18%씩 증가'

47) 도요타 인사이드 vs 현대차 수소트럭, 조선비즈, 2020.01.02

48) 도요타, 신형 '미라이' 출시하고 수소 사업 확대…미국서 현대차와 맞붙는다, 조선비즈,

2020.12.10
49) 월간수소경제 '작년 세계 신규 수소충전소 142개... 한국은 36개'
50) 수소차! 뼛속까지 파헤치기, BNK 투자증권, 2019.03.06
51) 현대자동차그룹 뉴스룸 '현대자동차, 중장기 전동화 전략 공개'
52) 나무위키 '현대자동차'
53) 전기차 배터리·수소 연료전지 특허출원 활발…현대차 글로벌 1위, 김민준, 에너지경제, 2020.11.09
54) 현대자동차 홈페이지 '재무상태표'
55) catch.co.kr
56) 파이낸셜뉴스 '[특징주]세종공업, 국내 최초 연료전지 스택 핵심부품 분리판 대량생산 기술개발 성공'
57) [하나금융투자] 세종공업 : 수소차 부품사업을 확장중이다, 홍진석, 한반도경제, 2020.06.08
58) 위클리오늘 '[위클리오늘] 세종공업, 지나친 원가비율...매출 증가에도 2년 연속 적자'
59) 세종공업 재무정보
60) KOTRA Global Market Report 22-003 「주요국 수소경제 동향 및 우리기업 진출전략」
61) 에코타임스 '에너지 위기 속 각국 수소경제 전환 잰 걸음'
62) 한국형 수소경제의 지속가능한 실현을 위한 정부 연구개발 역할, 한국과학기술기획평가원, 2020
63) '30년까지 그린 수소인 수전해 생산 설비를 5GW 구축하고 '35년까지 총 10GW 규모의 생산
64) 한국형 수소경제의 지속가능한 실현을 위한 정부 연구개발 역할, 한국과학기술기획평가원, 2020
65) 한국형 수소경제의 지속가능한 실현을 위한 정부 연구개발 역할, 한국과학기술기획평가원, 2020
66) KIS Special Report(2021.09) 「수소경제(Hydrogen Economy), 주요 그룹사별 추진 현황 및 Credit관점 함의-그룹별 동상이몽(同狀異夢), 투자부담 감내하며 시장을 선점해야 하는 쉽지 않은 여정
67) 수소경제의 현 주소와 우리의 과제, 김세엽, Katech, 2020.09

초판 1쇄 인쇄 2021년 3월 10일
초판 1쇄 발행 2021년 3월 15일
개정판 발행 2022년 10월 17일

편저 비피기술거래 비피제이기술거래
펴낸곳 비티타임즈
발행자번호 959406
주소 전북 전주시 서신동 780-2　3층
대표전화 063 277 3557
팩스 063 277 3558
이메일 bpj3558@naver.com
ISBN　979-11-6345-387-1 (93550)

이 도서의 국립중앙도서관 출판예정도서목록(CIP)은 서지정보유통지원시스템홈페이지
(http://seoji.nl.go.kr)와국가자료공동목록시스템 (http://www.nl.go.kr/kolisnet)에서 이용하
실 수 있습니다.